JN140697

沖縄黒糖の未来をデザインする

うちなーんちゅ
200名に聞いた
沖縄黒糖物語

中尾治彦
角直樹

ボーダーインク

はじめに

中尾治彦

2023年7月2日朝、食文化探求仲間との沖縄島北部ツアー最終日。行程を無事終え、季節のマンゴーの濃密な香り漂う那覇「のうれんプラザ」。那覇の「のうれんプラザ」は、近郊から運び込まれてくる野菜の市場と小売店が入居している複合施設で未明から営業開始するお店もあります。そこの丸吉塩せんべいカフェで朝ご飯を。私は山羊や豚の血(チー)イリチャーとか骨汁、島酒の大量摂取が胃腸疲れをおこし、スムージーをぼそぼそ飲んでいました。食生活に多少節度がある共著者の角さんは果敢に朝からタコライスを食べていました。

我々は食品の商品開発・研究を本業とする気の合う仲間です。私の趣味は沖縄、そして少しだけ黒糖の商品開発を齧りました。角さんはここ数年黒糖マーケティングに入れ込み、本業で“黒糖”に急接近しました。

そのようななか、我々はなかなか黒糖の価値を言葉にできず、商品にできず、シャープにお客様に価値提供できず、悶々と過ごしていました。

「黒糖はほとんどすべての日本人が知っていますよね、認知率100%近いでしょうね」

「でも、沖縄ブームでも、グルメブームでも全く盛り上がりませんよね、“まーす”（塩）とはえらい違いですよね」

「今年は沖縄黒糖伝来400年だそうですよ。でも文化的注目度は弱いですよね」

「農政的な資料はあるけど黒糖の価値、文化の遍歴をまとめた資料は無いですもんね」

「例えば明治維新が黒糖産業のおかげで成功したと言えることは驚きですが、その時のご苦労された農家の方、黒糖の甘さを楽しまれた生活者の姿が見えてきませんよね」

「沖縄食文化の中でもあまり語られていませんね」

「これだけ沖縄文化、沖縄食文化のブームが長く続いているのに置いてきぼりですよね。沖縄有識者、インフルエンサーが語っているところを見たことがないですしね」

「単なる黒糖味の材料にしかすぎないのでしょうかね」
「補助金の上に成り立っている保護事業という悪口も聞きますが、基幹産業として国が守り続けているのだから歴史的・政治的な理由も必ずありますよね」
「それは米国、フランスという農業大国でも同じ。食糧安全保障は国の要としての理解が必要ですよね」
「さらにサトウキビ農業は離島振興、国土保全、ひいては国土防衛の意味合いも以前にも増して重要視されていると思いますよ」
「ところで黒糖はいつ食べるのかなあ。沖縄の田舎へ行くとお茶請けに黒糖が出てきますよね。今どきお茶請けを食べるのはお婆さんだけですかね。老人食化してしまったのですかね」
「この前、体力の限界に挑戦するためにやんばる一周ウォーキングをしたのですが、その途中、民宿のおばさんや道で会った方がこれ食べて元気にと黒糖を分けてくれました」
「田舎の生活には根付いているのかな」
「元気になるよ、ということは機能性食品としても価値がありますね」
「ポリフェノール沢山入っていそうですしね」
「でも機能性素材として全く有名ではないですよね」
「いろいろな価値観がありそうだけど、それが“現代価値”に翻訳されていないのはモドカシイですね」
「さらに黒糖は風光明媚な離島８島で作られていて、風味もそれぞれ異なるので観光資源にもなるし」
「沖縄最北の有人島伊平屋島、そして世界遺産地域の西表島でも盛んに黒糖が作られていますしね」
「心底黒糖にほれ込み、未来に向けてのビジョンを持っている方、どこかにいないですかね、黒糖愛にあふれた」
「基礎情報を得ようにも、現在の生活者が求める視点が見つからないのは、そのような方と接しきれていないからですよ、多分」

「であれば我々がそのような方を探し出しますか。そして書籍化しますか！」
「黒糖愛を探す旅ですね」
「黒糖に関する生活者意識が全く手元に無いのも問題ですね。文化誌を書くのであれば生活者実態分析は避けて通れないですね」
「では最低限の生活者調査もしましょう」
「沖縄は地方出版が活発なのでどこかの出版社が興味持ってくれれば良いですよね」
「沖縄で出版と言えばボーダーインクですよ。沖縄文化への愛があふれた鋭い本を沢山作っていますし」

この会話から『沖縄黒糖の未来をデザインする』は始まりました。

そして３か月後の10月末、那覇市与儀のボーダーインクを訪問。社長の池宮さん、編集の新城さんに御挨拶。沖縄愛・黒糖愛に関してかなり熱烈かつマニアックに語らせていただきました。

彼らも「確かに黒糖に関する生活者視点での総合的な本は無いですよね」「黒糖に関する文化的注目度は弱いですよね」と基本的には同様のご意見を頂戴しました。そして「パンフレット的な万能本であれば東京の出版社の方が売れますよ」「沖縄で出版する意味をちゃんと考えた構成にしたほうが良いですよ」と助言をいただきました。

それを基に

・沖縄の書店に並べる（全国の書店、Amazonなどでも売らせていただくが）
・資料の取りまとめだけではなくちゃんと取材をし、生活者調査をし、実験をする
・事実記述だけでなく、黒糖を盛り上げるための強い意志や、オリジナルのアイデアを盛り込む
・それらを自身の言葉として書く
・ターゲットは黒糖マニア、沖縄マニア

とすることにしました。

新城さんからその時に２つのつぶやきがありました。

「なぜ沖縄黒糖（サトウキビ）には米と違って神事がないのですかね？」
「サーター屋（集落ごとの小規模製糖設備）は沖縄の原風景でしたよね。今はもうないのでしょうね」
この２つのつぶやきは何故だか頭の片隅に引っ掛かりました。その時はうまく会話が続かず沈黙してしまいました。心の中で調査・取材を通じて明確化しなければと思いました。当時の我々は本を書こうとする意気込みの割には、そのような、基本的なサトウキビ・黒糖の文化的な潮流も俯瞰的に理解できていなかったのだと思います。
インターネット調査を行い、沖縄黒糖に関する“うちなーんちゅ”（沖縄人、沖縄の人の意味）の意識を調べました。
ここでは代表的な実態を２つだけ御紹介します。

「“うちなーんちゅ”の50%は黒糖を食べていません。
しかし毎日食べている方は5%います」

皆様はこの数字をどう思われますか？

本書の目的は、「黒糖をもっと世の中に広め消費を拡大するための様々な提案をする」ことです。“物”が世の中に広まるためには、価値がなければなりません。私たちは黒糖の価値として、①おいしさ　②健康機能　③社会的意義の３点に整理しました。
歴史書、論文等文献調査だけではなく、各方面への取材、黒糖を用いた様々な調理実験を行いました。また生活者調査147名、ヒアリング対象者約70名、総計200名以上の方に意識・実態をお伺いしました。
こうして『沖縄黒糖の未来をデザインする　うちなーんちゅ200名に聞いた沖縄黒糖物語』を作りました。
第１章で「沖縄黒糖の歴史」を、第２章で「おいしさ」を、第３章で「健康機能」を、第４章で「社会的意義」を、そして最後に第５章で「日本人の黒糖消費量をもっと増やすための戦略」を具体的に述べていきたいと思います。

我々ふたりは本州で生まれて育ったいわゆる“ヤマトゥンチュー”（ヤマトの人）、“ナイチャー”（内地の人）です。このような呼び名が適当な言葉なのかどうなのか、そのような議論の場ではないですが、そう呼ばれる我々＝肌感覚として黒糖に触れてこなかった我々ですが、その魅力に取り込まれ、のめりこみ上梓できました。

本書は、沖縄黒糖文化の物語であり、我々の調査・取材の物語でもあります。

愉しみながら読んでいただければと思います。

※なお、黒糖は沖縄以外、鹿児島奄美地方でも生産されています。また諸外国でも生産されて輸入品として国内利用されています。それらのことも本文中で若干触れています。が、メインはこのような経緯より沖縄のお話としました。奄美の方々、ご了解下さい。

沖縄黒糖の未来をデザインする　目次

第3章　沖縄黒糖、その機能性

第4章　沖縄黒糖、その社会的意義

凡例

1．文献リストは各章最後にまとめて記載してあります。

直接引用させていただいたものは文中にその旨明示してあります。

史実が多く出てきます。やむを得ず２次引用をした箇所もあります。

可能な限り元資料に近い文献をあたり、複数文献を比較対象して我々の考えとしてまとめてあります。

明らかな誤認識は御詫び申し上げます。その旨ご指導願えれば幸いです。

2．原則、下記の様に語句を使いました。

①植物“サトウキビ”はカタカナで“サトウキビ”に統一。中国名：“甘蔗（かんしょ）”、ひらがな：“さとうきび“は引用の際などそのままの記載が必要な場合としています。

②砂糖は精製されたショ糖（いわゆる白糖）を意味する言葉（狭義の意味）としても、サトウキビ、甜菜（てんさい）由来の未精製な甘味料（黒糖など）を含めた糖を意味する言葉（広義の意味）としても使われます。専門書、辞書でも混在します。

厳密にはサトウキビ搾汁液をそのまま固化したものが”黒糖“、搾汁液のショ糖以外の含有成分を分離したものが”白糖“です。黒糖は含蜜糖、白糖は分蜜糖とも呼ばれています。但し、白糖を砂糖と呼ぶことも一般化しています。本書ではなるべく明確化して記載します。

サトウキビ搾汁液由来の糖全体を示す必要がある場合はサトウキビ糖としました。

なお、引用の際にはなるべく引用元の表現のままとしました。

③歴史上の年、固有名詞表記に関しましては山川出版社の『もういちど読む山川世界史』『もういちど読む山川日本史』、東洋企画『琉球・沖縄史』を基本としました。

④沖縄とその他日本を単純に対比する場合は“沖縄県外”を基本表現としました。

史実、引用の場合はその表現のままとしました。地政学的意味を付ける場合は“内地”としました。

第１章

沖縄黒糖、その歴史

――サトウキビの長い旅、たどりついた沖縄８島

伊平屋島の北緯 27 度線――歴史の分岐線

はじめに

第１章は“歴史”編です。
サトウキビの発祥の地はニューギニア。ここからサトウキビは長い旅に出て世界中に広がりました。そして甘味に対する人類の欲望の深さ、その経済価値で様々な出来事が生まれました。その有史をまずは俯瞰して、“沖縄黒糖物語”を始めたいと思います。

サトウキビは人類の食文化史において最も歴史を動かした食物ではなかったかと思います。
イスラーム文明、十字軍、コロンブス、マルコポーロ、東インド会社、奴隷貿易、産業革命、鉄砲伝来、琉球王朝、琉球侵攻、明治維新など史実のビッグネームと強い関係性があります。中世以後の世界史に大きな影響を与えたダイナミックな農産物でした。
本章ではまずサトウキビ・砂糖の歴史を史実上の事象と重ね合わせて簡単にまとめ、その後に主題である沖縄黒糖の歴史を語らせていただきます。
沖縄黒糖の原料、サトウキビは世界100カ国で生産されており、世界で最も生産量が多い農作物です。日本では主に沖縄・鹿児島で作られています。
現在、沖縄黒糖は伊平屋島、伊江島、粟国島、多良間島、小浜島、与那国島、波照間島そして西表島の離島８島で工業的に作られています。その他の地域でも手作りのクラフト黒糖生産者がおられます。
サトウキビの原産国ニューギニアから、このサトウキビがどのような時を経て世界へ広がり、それがどのように黒糖に加工され、そして沖縄は離島８島に定着したか。
サトウキビ、黒糖を通して語られる世界史、日本史、琉球・沖縄史です。
サトウキビは有史の前半ではその滋養強壮力、希少性から“薬”でした。それが絶対的な“甘味”になりました。
甘いもの、これは誰もが本能的に好きな食べ物だと思います。薬から甘味へ。そのおいしい魅力がいかに発見、伝達、開発されていったか。

また、サトウキビ・砂糖はその魅力、それに起因する経済的価値から多くの侵略、戦争も引き起こしました。奴隷制度はサトウキビ産業から始まったと言われています。このような覇権国による植民地施策で中南米の方々を苦しめました。沖縄・奄美の方々を租税負担で苦しめた辛い歴史もあります。

一方、18世紀後半からのイギリス産業革命、19世紀後半の明治維新もこの経済力があったから貫徹でき、文明・文化の発達に非常に寄与したとの解釈もあります。

生きる喜び・楽しさとしての食べ物、生死を分ける悲しみを生みだす道具、そして未来へ進む希望の価値。サトウキビ、黒糖は明・暗様々な顔を持っています。

各時代、覇権国家の成熟過程の事象であったとはいえ、近代社会到達点までの歴史の成り立ちは改めて考えさせられるものがあります。

この章は歴史の取りまとめですので、様々な資料を参考にさせていただきました。引用文献、参考文献は文末にまとめて紹介しますが、『砂糖の世界史』（川北稔）、『琉球近世の社会のかたち』（来間泰男）、『シュガーロード』（明坂英二）、『近代沖縄の糖業』（金城功）、『サトウキビとその栽培』（宮里清松）、『糖業技術史』（糖業協会）、『沖縄・奄美の文献から見た黒砂糖の歴史』（名嘉正八郎）、『砂糖の歴史物語』（正・続）『インドの製糖起源と東西世界への伝播』（谷口学）を史実の骨格とさせていただきました。それを我々の歴史観、文化観としてまとめさせていただきました。

この場を借りてまず諸先輩方に感謝申し上げます。

なお、砂糖登場以前から蜂蜜、甘葛煎（あまずらせん）、果物などの古代からの貴重な甘味料があり、そこには食文化もありました。その歴史・文化に関しては第２章第３、４節で触れさせていただきます。

１. サトウキビ、その発祥　――北インドからニューギニアへ

サトウキビ（甘蔗（かんしょ））はイネ科の植物です。栽培原種の学名は *Saccharum officinarum* と言います。

ニューギニアで一万年前に進化したと考えられています。杉本明「世界のさとうきび」(『砂糖の文化誌』伊藤汎監修)によると、その野生種は*Saccharum spontaneum*と呼ばれ数万年前に北インドで発祥したと言われています。そして甘味を獲得した直接の栽培祖先種は*Saccharum robustum*と呼ばれています。

*Saccharum*は属名、*officinarum*は種名です。*Spontaneum*は「自然」*robustum*は「強い」、*officinarum*は「薬」のラテン語です。自然に、力強く(甘味資源として進化し)、薬としての価値という進化・価値化の流れを表しているエレガントな学名です(図1-1)。

植物は光合成をします。空気中の炭素源で有機化合物を作ります。多くの植物は二酸化炭素、光、水で糖質と酸素を作ります。地球の進化・生物の進化において非常に重要な植物の獲得能力です。

サトウキビはC4回路という光合成能力を持っています。高温と強い光の存在下で高い光合成能力、炭素同化能力を保有しています。

そしてサトウキビの同化炭素は甘いショ糖となります。数万年の北インド―ニューギニアへの旅で獲得した、熱帯地方に順化し、人類を魅惑した生物進化です。

詳細は第2章で説明しますが、ここで少しだけサトウキビ糖文化・産業のパターンに関しても説明します。

サトウキビの搾汁液を固化したものがサトウキビ糖です。サトウキビ糖には搾汁液全体を固化した「含蜜糖」と、そこから「ショ糖」以外成分(ミネラル、繊維、ポリフェノール、その他)を分離した「分蜜糖」があります。ショ糖以外成分を「蜜」と呼んでいます。含蜜糖の代表は「沖縄黒糖」で、分蜜糖はいわゆる「白糖」で成分はほぼ「ショ糖」です(図2-2 61頁)。砂糖はショ糖を意味する言葉(狭義の意味)としても、未精製の黒糖などを含めた言葉(広義の意味)としても使われます。ある程度の精製度の分蜜糖を「原料糖」「粗糖」と言います。

サトウキビの栽培は適度な降雨と温度が必要です。栄養要求性、水分要求性が高く、施肥技術、灌漑技術も大規模栽培には必要です。

また黒糖もしくは白糖へ加工する技術;製糖技術も古来より発展し、伝達されてきました。サトウキビを刈り取った後は甘味成分であるショ糖が酵素によりすぐ分解を開始し、有機物が酸化しはじめます。サトウキビ、サトウキビ搾汁液は“鮮度が命”です。

サトウキビ生産地に製糖設備があるのはそれが理由です。昔の沖縄でも各間切（村）内に何カ所も製糖設備（サーター屋）がありました。現在、沖縄黒糖生産島に最低１つずつ製糖工場があります。

製糖技術は栽培技術とペアで発達しました。そして製糖することにより輸送、加工、用途拡大が容易になり、さらに技術進展が進みました。

〈注：サトウキビ栽培と製糖は相対の関係です。本書ではそれを「サトウキビ産業」と記載します〉

近代以後、精製糖を作る場合はサトウキビ生産地で粗糖まで製糖し、消費地で精製するシステムが主流となりました。

歴史的に様々なサトウキビ文化の伝播パターンがあります。製糖された含蜜糖、もしくは分蜜糖だけが伝わったパターン。サトウキビ栽培を含めて伝播したパターン。これらは国家、食文化の形成、植民地施策、経済の発展など様々な要因で変化してきました。なお、最近では高関税を避けるためにあらかじめ白糖とココア・小麦等を混合し低関税化（目的外使用の抑制）しての輸入（加糖調製品）も活発です。

サトウキビ糖の爆発的な広がりは主に分蜜糖の広がりであり、それが砂糖の歴史につながっています。

沖縄黒糖を含む含蜜糖は残念ながら数％の存在となっています。しかし歴史の荒波に耐え存在しています。

２. サトウキビ、その文明の息吹
――ニューギニアからインドガンジス川へ

サトウキビがサトウキビ糖として実際に医薬品、もしくは食品として人間の生活に入り始めた記録はいつごろからあるのでしょうか。A.F. スミスの『砂糖の歴史』によると、2500 年前の東インドでサトウキビ搾汁液の利用が始まったのではないかと言われています。またアルタシャーストラという紀元前

4世紀の古典には「砂糖」の記述があるとのことです。

各資料によりインドでの歴史は諸説あります。紀元前数世紀にインド北部～インダス川流域でサトウキビの搾汁液が初期の製糖技術により含蜜糖になり、世界へ広がる準備が始まったと考えられます。

サトウキビの栽培原種 *Saccharum officinarum* は野生種のふるさとインドへ里帰りし、*Saccharum barberi*（インド細茎種）となりました（図1-1）。

第3章で説明しますが、有史の中での最古の用途伝承は1世紀後半、ローマ帝国の軍医であったと言われているディオスコリデスの『薬物誌』（デ・マテリア・メディカ）と考えられています。まずは薬としての歴史が始まります。

いよいよインド亜大陸で芽生えたサトウキビ文化、それが東周りと西周りで全世界に広がっていきます。

沖縄黒糖への旅は東周りの旅です。しかしその前にまずは西周りの旅にお付き合い下さい。

3. 西周り編①
アレクサンドロス大王、イスラーム帝国の拡大
── インド、中東、地中海

紀元前4世紀、アレクサンドロス大王（古代ギリシャの王）の東方遠征で初めてサトウキビが西洋の文明と触れると多くの書物に書かれています。

『もういちど読む山川世界史』によると、「──ギリシャ諸国ポリスは北方のマケドニアと戦い破れその支配下に入った。その王つまりアレクサンドロス大王の東方遠征によりヘレニズム時代が幕を開け、西はギリシャ・エジプトから東はインダス川流域に至る大帝国を建設した、それにより文化の中心はオリエントに移った」とあります。

サトウキビ糖もヘレニズム文化圏の中を西へ西へと伝播されていったことと思います。

時は流れ、西暦600年、メソポタミア（現在のイラク、ティグリス・ユーフラテス川沿岸）でサトウキビが栽培されサトウキビ糖の商業生産が始まった

と言われています。

時を同じくして、7世紀の初め、アラビアのメッカでムハンマドによりイスラーム教が芽生えました。622年がイスラーム歴元年です。ムハンマドはアラビア半島のほぼ全域を支配下におきました。彼の死後も教徒は今のイラク、エルサレム、エジプト、シリア地域を7世紀半ばまでに支配下におきました。その後も支配が拡大、アッバース朝時代（750年~1258年）には東はインダス川下流域、中央アジア西半分、北アフリカ、そしてイベリア半島南半分も支配下におきました。この絶大な力をもったアッバース朝国家は絶頂期（~946年）にはイスラーム帝国とも呼ばれました。

彼らは支配下地域の文明・科学を受け入れ、融合させ文化を発展させました。都市間を結ぶ陸・海の交易網も発展させそれを広げました。イノベーション大国でした。

イスラーム勢力の拡大に伴い、サトウキビ文化も広く伝播され地中海沿岸地域、エジプトナイル川流域、キプロスやマルタなどの地中海の島々、そして7世紀終わりには北アフリカまで広がりました。サトウキビ生産と製糖技術がわずか100年余りでこの間一万キロを伝播されたとの説もあります。僅か100年。驚きの速さです。当然異論もあります。

商業生産化されるともはや貴重品、滋養強壮の医薬品としてのサトウキビ糖ではなく魔性の甘味として裕福層のあこがれの食材になっていったと考えられています。

なお、英語で砂糖は“sugar”ですが、その語源はアラビア語で砂糖を意味する言葉“sukkar”と言われています。

A.F. スミス著『砂糖の歴史』によると、当時の世界最大の都市バクダッドでは裕福層の重要な食材となり、10世紀の料理本には砂糖を使ったレシピが多く掲載されていると述べています。また明坂英二著『シュガーロード』によると、ジュンディシャプールとアフワーズというバクダッド近郊の都市は精糖で栄えたとのことです。10世紀にはイラクで広がりを持ったサトウキビ文化が確立されたと言えます。

なお、イスラーム関連の歴史書を読むと、7世紀にはすでに初期の分蜜技術、すなわちサトウキビ搾汁液を白い砂糖にする技術は発明されていたとあります。ある程度煮詰めたサトウキビ搾汁液を下に穴を開けて繊維で栓をした陶器の壺に入れ、濃度差で分蜜します。糖蜜は比重が重いので壺の底の穴から染み出て濃縮されたショ糖液が溜まり固形化します。その固形化した上層部を練った土で覆い毛細管現象で糖蜜部分を染み出させます。そしてこれを繰り返します（覆土法）。

また、ある程度精製した結晶を牛乳に溶かして温め、牛乳タンパクの熱変性で不純物を凝集させ糖度を上げ、さらに白く製糖する技術もその後エジプトで開発されました。

分蜜糖の歴史は７世紀に始まったと言えます。

この白い砂糖を得るための努力はサトウキビ文化のかなり早い段階からおこり、ヨーロッパにおいては分蜜糖が急速にスタンダードになっていきました。西洋人の“白色”への飽くなきこだわり、それは神聖、清潔、威厳など精神性への憧れであったでしょうし、世界貿易商品としての保存性の確保であったと思います。

なお、マルコ・ポーロの『東方見聞録』（1271年から1295年にわたる見聞記録）によると、中国にこの初期の分蜜法を伝授したのもエジプト人ではなかったかとのことです。

【イスラームの科学技術　少し詳しく】

砂糖の精製技術がイスラーム由来の技術であること、私は驚きました。あらためて関連書を読むと、イスラームの科学技術は極めて優秀だったことを勉強させられました。それは少し意外ですよね。日本にきちんとその科学史が伝わっていない理由は西ヨーロパ中心の歴史観、それに基づく教育体系ではないかと言われています。

イスラームは支配下の文明、科学を否定せず取り込んで成長する寛容の宗教でした。支配下においた古代ギリシャ、エジプト、インドの文明・科学を吸収し、アラビア語に翻訳・体系化しました。動植物の知識、気象・地理の知識。紙とインクの普及による技術･歴史の伝承、天文学、地理学の深耕による航海術の進歩、農学の発展による園芸作物の商業化、錬金術の応用による化学反応利用技術の習得などなど。我々が現在使用しているアラビア数字もイスラームの文明ですしゼロの発明もこの当時のことです。これにより代数が加速度的に発達しました。広大な支配下地域の伝統文明を吸収・発展させる立体的な技術開発・伝承志向が高く、極めて活発なイノベーションが行われた時代であったと思います。

サトウキビ産業においても、サトウキビ文化の伝播のみならず、その技術革新も行われていたことと考えます。例えば乾燥地帯が多いイスラームの世界で灌漑技術が発達しました。水車の技術、地下水脈探索の技術、水路敷設の技術などです。それはサトウキビ栽培の生産性を高める技術です。

また、都市間を結ぶ交易が盛んで、多くの交易路を保持していたので製糖技術の伝播、砂糖の運搬も容易だったのではないかと想像します。インダス川流域のサトウキビ文化がイベリア半島スペイン、北アフリカまで広がりました。

４.西周り編②　十字軍、大航海時代
——ジブラルタル海峡、大西洋、そして新大陸

11 世紀末、十字軍の遠征が始まりました。

イスラーム世界の拡大に対して、カトリック教徒が聖地エルサレム奪還を目的として十字軍が結成され遠征を行いました。11 世紀末から 13 世紀にかけての 200 年間です。

この十字軍遠征により東方との交易が急速に発達しました。香辛料や羊毛、貴金属など併せて砂糖も重要な交易品でした。

中東、地中海沿岸部に広がっていたサトウキビ文化が西ヨーロッパ諸国にも広がりました。

12 世紀にはベニスで製糖産業が栄え、精製糖が西ヨーロッパに送られました。

その後、15 世紀のオスマントルコの台頭によりエーゲ海、地中海の自由貿易が制限され東西の交流が少なくなりました。またレコンキスタ（国土回復運動）でイスラーム勢力をイベリア半島から駆逐し、ポルトガル、スペインの繁栄が始まりました。西ヨーロッパ社会が力をつけてきました。

その動きの中でサトウキビ産業も地中海から大西洋沿岸へ移っていきまし

た。そしてこの旅の担い手はイスラーム教徒からキリスト教徒へ移っていきました。16 世紀のことです。

サトウキビ栽培の中心地は大西洋沿岸諸島であるマディラ島、カナリア諸島に移り、現地で原料糖を生産、現在の英国、ドイツなどに輸送され精製糖が作られ始めました。砂糖取引の中心はアントワープ、その後アムステルダムとなりました。17 世紀のアムステルダムには 150 の精製工場があり、原料糖は中南米、インドネシアから輸入されていたとのことです。

この製販システムにより、砂糖は世界貿易品として本格始動しはじめました。また生産効率も上がり、貴重品・医薬品から贅沢品とは言えども一般食品化されたとも言えると思います。食品化された砂糖文化に関しては第２章第３、４節を参照して下さい。

時は少し戻りますが、サトウキビ産業は大西洋を横断しました。

1492 年にコロンブスがフロリダ半島近傍のバハマ諸島に到着、その後アメリカ大陸を探検、バスコ・ダ・ガマの東回りのインド・中国遠征など大航海時代に入りました。

南北アメリカ大陸がポルトガル、スペインに支配されました。

サトウキビ栽培も栽培地域の拡大が必要となり、大西洋を渡りました。カリブ海の島々、ブラジルがその中心です。

16 世紀から 17 世紀、広大なプランテーション（単一作物農場）が作られ、悪名高い奴隷制度により労働力を供給しサトウキビ産業は益々拡大していきました。砂糖革命とも呼ばれています。

【サトウキビ産業と奴隷制度　少し詳しく】

サトウキビ栽培・製糖作業は労働集約型の産業で、イスラームの地中海でのサトウキビ産業時代から奴隷の労働力で砂糖が作られていました。当初、奴隷はバルカン半島、エーゲ海周辺国から調達されましたが、やがてアフリカからの調達に移っていきました。サトウキビ栽培が大西洋沿岸時代、アメリカ大陸時代と歴史を刻んでいく中でその奴隷制度も引き継がれていきました。“砂糖があるところに、奴隷あり”とはトリーダード・トバコの人権派首相であったエリック・

ウィリアムスの言葉です。アフリカで獲得した奴隷を大量に新世界に送り込みました。奴隷を基軸とした三角貿易（アフリカからアメリカへ奴隷、アメリカからヨーロッパへ砂糖・綿花・たばこ、ヨーロッパからアフリカへ武器・工業品）というシステムもこの時代の遺物です。

奴隷の供給源であるアフリカの植民地争い、新大陸に奴隷を供給する利権の争い、サトウキビ産業の中心カリブ海の覇権争いなど、様々な戦争が起こりました。18世紀のことです。16世紀後半から18世紀末までに奴隷として新世界に渡ったアフリカ人は1000万人以上と言われています。カリブ海諸国の人口構成比を変えました。

1783年アメリカ独立、リンカーンの奴隷解放令が1863年。人権意識が高まり、西洋諸国で奴隷が開放されるのは19世紀中盤、まだ200年経っていません。

紀元前４世紀から始まった西周りのサトウキビの長旅もこのように16世紀に新大陸にたどり着きました。

この後、産業革命による生産性向上・砂糖のさらなる大衆化、ドイツでの甜菜糖の発明（高緯度地方で砂糖生産が可能となる）、紅茶、コーヒー、チョコレートなどの食文化の広がりによる砂糖食文化の開花、人工甘味料・異性化糖（デンプンから甘味を作る技術）の発明などによるコスト競争の激化など砂糖を取り巻く歴史はまだまだ続きます。

沖縄に直接関係する事柄だけでも1899年のハワイ移住を皮切りに多くの県民が中南米・ハワイへ渡り、サウキビ栽培に取り組みました。また1963年、日本政府は粗糖の輸入自由化を決定し、沖縄のサトウキビ産業は戦後復興もままならぬ中、構造改革が急務になったことなどが上げられます。

５.東周り編①　ヨーロッパ列強のアジア侵略前夜

——インドから中国へ

3.で述べた通り、インドでは紀元前４世紀にgur（グル）と呼ばれる含蜜糖が開発されました。その後に東方中国へも伝わったと考えられています（図

1-1)。

谷口学著『インド製糖起源と東西世界への伝播』によると、紀元前３世紀前後に中国最初の含蜜糖の記録があります。そしてシルクロードの交易品に含蜜糖が含まれている記録が１世紀前後に現れます。サトウキビ自体の栽培の記録は紀元前２世紀ごろ、長江中流域での栽培記録です。分蜜糖技術の記録は７世紀前後、唐の時代からです。

糖業協会編『糖業技術史―原初より近代まで』によると、同時期にインドに製糖法の研修に行かせたとの記載があります。またその技術はエジプトから伝来したのではないかとも考えられています。イスラームの技術が華南まで来ていました。

唐の時代は経済・文化が発展し、首都長安はシルクロードの拠点として東西交易が発達しました。

時代が唐（618年-907年）、宋（960年-1127年）、元（1271年-1368年）と移りゆく中で、サトウキビ生産地は福建省のみならず広東省、浙江省へと広がっていきました。

元の時代になり、製糖技術も進歩し木炭、焼成牡蠣殻でのろ過などが開発されました。マルコ・ポーロの東方見聞録に中国のサトウキビ産業の記載がありますが、この時代の事柄です。産業の大きさにかなり驚いたとのことです。

13世紀になると中国南東部でも砂糖は一般的な食品になり、料理本のレシピに登場し、菓子店の記録などが残っています。

サトウキビはインドから中国福建省、そこから沖縄・奄美へ伝わる過程でも進化、*Saccharum sinense*（中国細茎種）となりました。この後に述べる沖縄のサトウキビ普及の立役者「読谷山種」もこの系統です。

中国でのサトウキビ産業、文化の発展もこの後16世紀からのヨーロッパ列強の進出、植民地施策に翻弄されます。イギリス（1600年）、オランダ（1602年）始め各国が本国政府からの貿易独占特権を与えられた東インド会社を設立、強国の論理を優先した貿易圧力がふりかかります。

ここまでのサトウキビ・サトウキビ産業の流れを図1-1にまとめました。

図 1-1　サトウキビ・製糖産業の進化・伝播

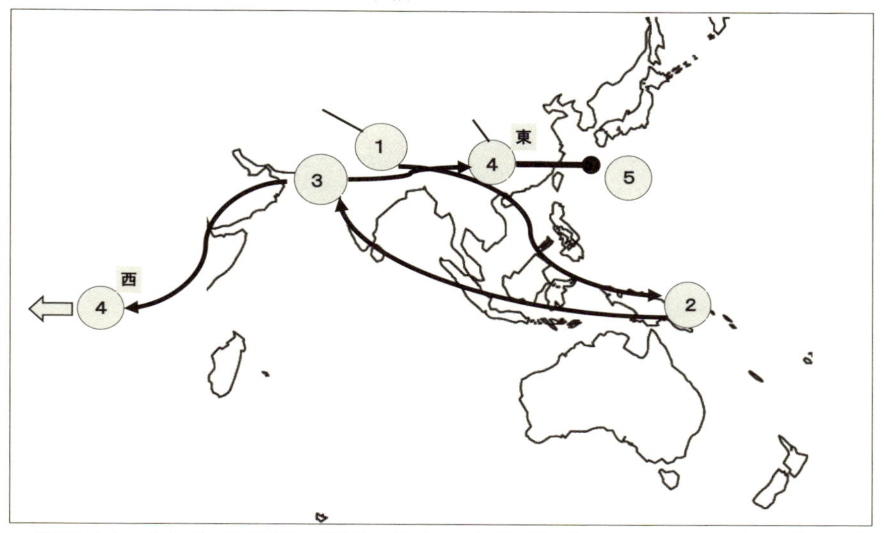

「世界のさとうきび」（杉本明）、『砂糖の世界史』（川北稔）、『シュガーロード』（明坂英二）、『インドの製糖起源と東西世界への伝播』（谷口學）から引用・作図化

①インド北部　　野生種（*Saccharum spontaneum*）の原産地

②ニューギニア島付近
- 栽培祖先種（*Saccharum robustum*）甘味同化能を得る
- 栽培起源種（*Saccharum officinarum*）　一万年前に出現　ショ糖を同化する高い能力を獲得

③インド北部〜インダス川流域
- インド細茎種（*Saccharum barberi*）へ進化　初期の製糖産業が芽生える

④西　　アラブ・地中海・大西洋そしてアメリカ大陸へ
- インドを起源として製糖産業が発達、サトウキビとともに西周りの旅へ
- 西暦 600 年にメソポタミア（今のイラク）で産業が興る
- イスラム文明の発達とともにエジプト、エーゲ海、地中海沿岸へと広がる
- 分蜜の技術は 7 世紀に開発される
- 16 世紀には大西洋まで到達、その後新大陸（南北アメリカ大陸）へ渡る
- 17 世紀にはポルトガルの貿易品として日本へも上陸

④東　　中国南部　中国細茎種（*Saccharum sinense*）へ進化
- 紀元前 3 世紀含蜜糖生産
- インドへ製糖研修
- 福建から広東、浙江へと広がり（〜 14 世紀）、マルコ・ポーロの東方見聞録にも記載
- シルクロードの交易品となる

⑤琉球・奄美
- 17 世紀初頭　製糖技術が伝播

6.東周り編②　日本へ、食文化の発展
――正倉院、出島、徳川吉宗

754年、唐僧鑑真が来日、砂糖が日本に紹介されたとの説があります（異説もあります）。また奈良正倉院に「種々薬帳（しゅじゅやくちょう）」という目録があります。8世紀に聖武天皇のお妃である光明皇后が東大寺に献上した薬帳です。ここに「蔗糖二斤一二両三分并椀」と記述があります。

当時はサトウキビ糖が薬として扱われていたこと、日本には8世紀に入ってきていたことの記録です。

その時代からしばらくは中国からの貴重な輸入品として、サトウキビ糖は存在しました。ですから平安時代は非常に高価で貴族のものでした。

ちょうどこの原稿を書いている2024年、NHK大河ドラマは「光る君へ」。10世紀末の平安貴族物語です。ドラマの中で清少納言（ファーストサマーウイカ）が紫式部（吉高由里子）の所に唐菓子（からくだもの）の梅子乙という揚げ菓子を持って行き、二人で食べるという描写がありました。ネットでも少し話題になりました。かりんとうの原型のようなお菓子です。黒糖味だったのかが気になります。

食品として庶民に出回り始めたのは16世紀、室町時代中期と言われています。いわゆる南蛮貿易開始後です。先に述べた大航海時代にコロンブスとは逆方向、東周りで探検・開拓を行ったのがバスコ・ダ・ガマ、彼が開拓した航路を通って、ポルトガルは1510年インドのゴアを支配下に、次いで1555年に澳門（マカオ）を支配下におき貿易拠点としていました。

老舗和菓子屋虎屋の資料によると、室町時代に砂糖饅頭が禅宗の食日記に記載されており、安土桃山時代（16世紀後半）には南蛮貿易により金平糖を始め南蛮菓子が紹介され始めたとのことです。

1543年にポルトガル人が種子島に漂着。その後長崎・平戸で貿易を開始、織田信長は貿易権との引き換えにキリスト教の布教を受け入れました。貿易品は鉄砲と中国の品々、絹、じゃ香、陶磁器そして砂糖です。

織田信長は貿易を優先しキリスト教布教を受け入れたのですが、徳川幕府は目指す中央封建主義がキリスト教と相容れないと判断、1639年に鎖国令を出

しました。

1634 年、出島が西洋に対する貿易窓口となり、1641 年に布教禁止の条件の元、貿易権がオランダへ移りました。

17 世紀半ばには中国から 2400 トン、オランダから 420 トンのサトウキビ糖を輸入していたとの記録があります。16 世紀までは日本のサトウキビ糖はすべて輸入に頼っていました。

琉球王府は薩摩藩支配下で中国との貿易を継続し貿易立国として独自のポジションを築きました。

18 世紀初め、徳川８代将軍の吉宗が内地でのサトウキビ栽培を推奨し、各藩でも生産が開始されました。

江戸中期には沖縄・奄美での国内生産が安定し、輸入と併せてサトウキビ糖の流通量が伸びました。そしてこの江戸中期に庶民が口にすることができる多種多様な菓子文化が発展しました。桜餅、くず餅、大福などの今も親しまれる和菓子の多くはこの時代に誕生したとのことです。内地では 18 世紀にサトウキビ糖は庶民の食品となりました。その食文化発達の歴史に関しては、第２章第４節を参照して下さい。

内地の話が長くなりました。時代を少し戻して17世紀初頭、いよいよ沖縄へ。沖縄黒糖元年は 1623 年です。

【内地でのサトウキビ産業　少し詳しく】

18 世紀、徳川８代将軍吉宗は内地でのサトウキビ栽培・製糖を推奨しました。琉球より苗を取り寄せ諸藩に栽培させました。讃岐、阿波、土佐などの四国管内、近畿の和泉、岸和田などは大いに栄えたとのことです。これらの地域で国産のサトウキビ糖が作られました。分蜜技術も保有し、白糖、黒糖、そして日本独特の和三盆などが生産されました。各藩は琉球、薩摩と同様にその経済性を藩運営に役立てようと専売制も引かれたとのことです（鬼頭宏著『日本における甘味社会の成立』)。

18 世紀は奄美産、沖縄産、内地産、輸入の砂糖が種類多く混在している状況でした。ようやく甘味が当たり前の味になっていきました。

しかしながらこれら各藩による内地製糖業は、開国による輸入の本格化、明治政府成立による藩単位の経済活動の終焉により急激に生産量が減少していきました。
ただし現在でも和三盆糖は四国で作られており独自のポジションを築いています。

7. 沖縄編① 黒糖伝来 ——薩摩の琉球侵攻、そして沖縄黒糖誕生

まず、製糖技術伝来に至る琉球史の流れを簡単にまとめました。それぞれの出来事に関して詳細ご興味がありましたら成書をお読み下さい。

近世は徐々に「国家」「国家統治」「外交政治」がアジアでも形作られた時代です。

室町幕府が1392年に日本を統一しました。それより少し前、1368年に明は中国を統一しました。

明は周辺各国に交易権を与える代わりに貢物を求め（朝貢）、それに従属する国に冊封（王様の地位を承認）を与えました。琉球を含めた東南アジア諸国はこの朝貢・冊封体制に入りました。

琉球王国はこのシステムで「王国」として自立できたとの解釈もあります。

琉球では11世紀末から南部・中部・北部に勢力圏がまとめられつつありました。「三山時代」とよばれる時代の始まりです。中国との関係はこの三山時代の1372年から始まり、1429年の琉球王国成立、琉球王国最後の国王尚泰の時代までの約500年間、中国（明・清）との関係を続けました。後に述べる薩摩からの侵攻を受けた後も清との関係は日清戦争終了（1895年）まで続きました。

資源、生産品に乏しい琉球は中国との進貢貿易を基盤に交易国家としての生業を開始しました。東アジア地域と内地の中継貿易を活発に行い経済基盤としました。

1470年、琉球王国は第二尚氏の時代へ移行します。このころから王府は統治の体制を整え始めました。例えば身分制度や神職の組織化などです。

1500年、八重山の「オヤケアカハチの戦い」に勝利し宮古・八重山も実支配下に置き王府体制を強化、中央集権体制を整えました。

また独自の琉球文化も花が開き始めて三線、泡盛の伝来、琉球古歌謡集であ

る『おもろそうし』の編纂などもこの時代です。まさに琉球王国が花開いた時期です。その時点での王国支配地域は現在の沖縄県と奄美群島 (奄美大島以南与論島まで) を含んだエリアです。

しかしながら交易外交で繁栄した琉球王国にも陰りが見え始めます。ヨーロッパが大航海時代を迎え、東アジアまで進出し始めました。例えばスペインはマニラを中心にフィリピンに進出しました。また中国自体が直接交易に乗り出し始めました。それにより中継貿易立国であった琉球の独自性がぐらつき始めました。また先に述べた通り、琉球自体の産物が乏しく直接的な貿易相手としての魅力に欠ける存在になってきたことは否定できないと思います。

そのような中、16 世紀半ばごろから薩摩藩が琉球諸島への領土・経済進出の野心を持つようになりました。交易船の薩摩領海通過に権利主張をし始めました。

琉球は中国との良好な関係を維持することを望み、豊臣秀吉の朝鮮出兵に対する資金援助依頼などに対しても消極的な姿勢を取りました。

1603 年、江戸幕府が生まれました。徳川家康は中国との交易を望み、朝貢関係にあった琉球との関係構築を模索しました。中国との橋渡しとして琉球を利用し、貿易収支を高めることを考えたからです。しかし琉球は江戸幕府との関係強化も自国の経済活動の妨げになると考え、躱(かわ)していました。そのような背景があり、徳川幕府、薩摩藩とも琉球を支配下に置く機運が高まりました。

1609 年、江戸幕府の許可の元、薩摩が琉球を侵略。琉球の王国体制は維持されたまま薩摩の支配下となりました。与論島以北が薩摩藩の領土となり、伊平屋島以南が王国の領土として残り、貢物を薩摩に収めることとなりました。琉球は中国との関係も継続しました。これは徳川幕府、薩摩藩が中国との交易を利用しようと考え、王府に許可を与えたと考えられています。バランス外交が要求される時代に入りました。また王府は中国と薩摩と両方への貢物が必要となり財政難が顕在化しました。

薩摩の侵攻により、それまでは緩やかであった王府の租税制度が整備され納税義務が厳格化したと考えられています。それ以前は人口も少なく（10 万人程度)、王府の組織も簡素で、中国との貿易での収支で中国に対する貢物支払いと国体が維持できたのではないかと来間泰男著『琉球王国の成立と展開』にはあります。

17 世紀の農業の生産性はまだ低く､貨幣の流通も未発達でした。商売は物々交換で行われ、有力な産物が無く、よって肥料や農機具の発達も内地と比べると遅かったと考えられています。農民は自給作物を作って食べる単純な生活をしており、つつましく暮らしていたと考えられます。

1623 年、真和志間切（首里の北西 ~ 南の地域）の地頭（領有者）である儀間真常が中国福建省より製糖技術を導入してサトウキビ文化が芽生えました。琉球農民として初めて換金作物となる産物、沖縄黒糖が誕生しました。

儀間真常は薩摩藩の琉球侵攻で捕らえられた国王尚寧と共に薩摩に渡り農業を勉強したと言われています。薩摩から木綿の種を持ち帰り栽培を開始し、また中国から伝来した甘藷（サツマイモ）の普及に努めました。琉球の農業振興、食糧確保に非常に貢献しました。

その儀間真常が地元儀間村の若者を福建省へ派遣し、製糖技術を学ばせたのが沖縄黒糖の始まりです。時は 1623 年、今から 401 年前の出来事です。儀間真常は「琉球五偉人」と伊波普猷にも認められている農業功労者です。

儀間真常は二転子三鍋法と呼ばれる方法で製糖を普及させました。サトウキビを２つの回転子（ローラー）間で搾汁し、その液を３つの鍋に順に入れ煮詰め濃度を高める製法です。後に三転子へ回転軸を増やし歩留まり率を高め、

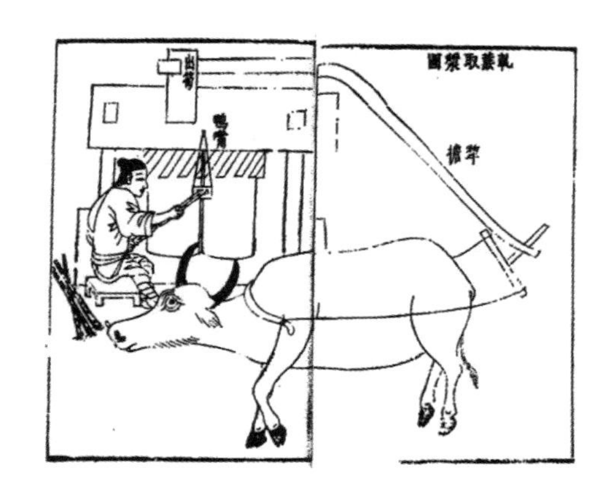

図 1-2　二転子三鍋法①

２つの木製ローラー間にサトウキビを挿入し、牛・馬力で回転させ搾汁。その後改良されローラーは３つとなり、また石製となり搾汁率が向上した

『天工開物』東洋文庫より引用・改変

ローラーも木から石へそして鉄へ改良されさらなる生産性向上が図られました(図1-2,3)。

なお、沖縄へのサトウキビの植物としての伝来は有史以前のことであり、栽培は13世紀には行われていたとの報告があります。

ところがこの沖縄黒糖の換金性に目を付けた琉球王府が技術の導入後あっという間に租税目的の産物に変換してしまいました。

琉球王府が農民からサトウキビ文化を取り上げたのではなく、初めから租税としてサトウキビ栽培、製糖を広めたとの考えもあります。

当時、琉球は中国との進貢貿易の資金を薩摩藩から借金をしていました。また薩摩藩も江戸幕府より様々な要求（木曽三河川の普請など）により財政難に陥っていました。借金の二重構造です。沖縄黒糖はこの支払いの原資に充てられました。

なおこの時代にはすでに分蜜糖の製造技術も中国に伝わっていました(図1-4)。よって分蜜糖技術も琉球に紹介されたことでしょう。しかし技術難易度の観点と文化的成熟度の観点で製造工程がコンパクトな含蜜糖技術が広まったのだと私は理解しています。産業振興当初から分蜜でスタートしていたら、沖縄黒糖文化は今どうなっていたのだろうかと本書を書きながらふと思ってしまいました。

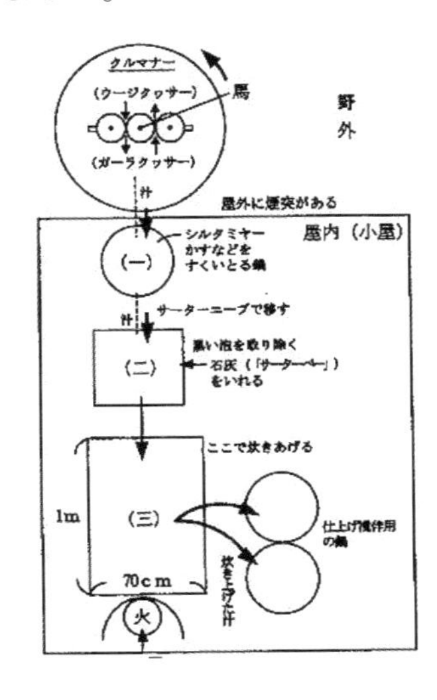

図1-3　二転子三鍋法②

野外で搾汁（改良型三転子)。屋内で２つの鍋を用いて濃縮・炊き上げて商品化する

『具志川市史』引用・改変

図 1-4 初期の分蜜法

逆三角錐の陶器の底に小さな穴を開け藁を詰める。煮詰まった黒糖液を流し込み固化するのを待って、藁栓を抜く。下に溜まった糖蜜が流れ落ち白色化するとある。まだ原始的な分蜜方法であり精製度は低いと考える

『天工開物』東洋文庫より引用・改変・考察

さて、1646 年から琉球王府へ税として黒糖を収めることが義務化されました。これを貢糖と言います。1831 年からは薩摩藩への貢糖も始まりました。

各村々（現在の字）に砂糖与（くみ）（労働単位）が作られました。そこで地方（じかた）役人がサトウキビ・黒糖生産を監督しました。サトウキビ栽培、各与に作ったサーター屋での作業は農民が行いました。

貢糖された黒糖は王府が薩摩での出先である琉球館で販売しました。税ですので間切に対する対価はありません。

余剰生産分は他の租税不足をならすために買い上げられました（買上糖）。それでも過剰な黒糖は焼過糖（たきかとう）として各間切の共有財産として販売することが可能でした。これは各間切の必要物資の購入にあてられたということです。

この制度が明治中盤まで続くことになります。これらは個人としての農業活動ではなく間切単位の農業・経済活動でした。

農民が接したサトウキビ文化は文化ではなく、貢糖のための労働と考えた方が良いのかもしれません。

農民はサトウキビ、沖縄黒糖を自ら作っているのではなく、集団労働をしただけにすぎなかったのだと思います。沖縄黒糖を製品・商品として、自分事（じぶんごと）として触れていなかったのです。

生活者としての農民にとってワクワクするような、ものすごく価値のあるものを作る息吹を感じたであろうサトウキビ文化の導入・展開期、それが「税の

生産」という社会的義務の手段としてのみの存在でした。多少の自由は焼過糖を販売することで得られましたが、少なくとも1867年の明治維新まで200年間、沖縄農民にとって沖縄黒糖は「義務労働」の場であったと思います。

西ヨーロッパで開花した砂糖文化、付随する紅茶、チョコレート、コーヒー文化のようなサトウキビを取り巻く食文化を生活者が享受することはありませんでした。

そしてこれがこの本のそもそもの疑問、沖縄黒糖食文化の弱さ、深みの無さの理由を端的に表しているのだろうなと感じます。

1693年からサトウキビの作付け制限がなされました。これは黒糖の価格暴落による収入減を防ぐためと自給作物生産維持の両側面があったと言われています。栽培可能地域は本島の一部と伊江島のみでした。

王府が巡回し監督し、生産性、品質、密売監視を行い、黒糖保存・輸送用の樽の製造管理まで行いました。まさに国営産業でした。

【薩摩藩の奄美に対する黒糖搾取に関して　少し詳しく】

奄美の黒糖製造も沖縄と時を同じくして始まりました。儀間真常が琉球へ製糖技術を伝える前、1609年に奄美大島の直川智が天候不順で中国まで漂流、製糖技術を持ち帰ったという説もあります（異説もあります）。

そして17世紀末から薩摩藩は奄美に対して本格的な搾取体制を取り始めました。租税を米ではなく黒糖で代納させ、1713年からは商都大坂での黒糖販売を始めました。まず奄美大島、徳之島、喜界島で米作を転換して黒糖が専売制になりました。薩摩藩の三島に対する黒糖搾取はすさまじく、多くの農民が疲弊したとの記録が多くの書籍にあります。直川智の子孫は製糖技術の導入で生活苦になったと島民に逆恨みされたとの記載もあります。琉球は王府を介した間接支配だったためそこまでは酷くなかったとのことです。

奄美・琉球の黒糖は指宿山川港に水揚げされました。2024年３月、NHK「ブラタモリ」の最終回。指宿の回で山川港が登場。薩摩の立場で黒糖経済のこと、それによる明治維新へつながる経済基盤向上に触れていました。少し複雑な想いで見てしまいました。

鹿児島県庁のHPにも次の記載があります。

薩摩藩は、藩内の生産力が低く、苦しい財政状態にあった。そのうえ、木曽川治水工事の御手伝普請、島津重豪の開明政策などで費用がかさみ、19世紀前半には藩の借金は500万両に達した。

そこで、1828年(文政11年)、島津重豪と藩主島津斉興は、側用人調所広郷に財政再建を命じた。調所は、藩債を無利子250年賦にし、生産や流通の近代化、琉球口貿易や奄美の砂糖の専売制を強化するなどして、藩財政を建て直した。1830年~薩摩藩の天保の改革、砂糖の専売制度の強化は、奄美の人々に大きな負担をかけたが、この財政改革の成功が、集成館事業や明治維新を推進する基になった。

薩摩藩はその後天保の改革として財政を立て直し、内地から見ると明治維新の立役者になっていきました。

8．沖縄編② 沖縄黒糖の自由化
——“琉球”から“沖縄”へ

1867年に徳川幕府が大政奉還、翌1868年明治元年となりました。

それに続き、1872年（明治5年）から始まった琉球併合（琉球処分）、1879年（明治12年）の沖縄県設置後も旧慣温存策という琉球王国の旧制度（土地、租税など）維持が図られました。琉球は内地と社会構造が大きく異なり、明治政府による準備期間が必要でした。また、急激な変化に伴う旧支配層の反発をかわすためや財政的な理由と言われています。

沖縄県に対する貢糖、買上糖制度は残りました。

宮古、八重山地域ではサトウキビ栽培が開始され、1888年には作付け制限撤廃と続き、これら地域でも正式に栽培が解禁されました。

明治中盤になっても貢糖、買上糖制度は続いていました。しかしサトウキビ生産量が増えて、それに伴い焼過糖（自由販売可能）の生産量も伸びて、明治20年代は黒糖生産量の半数以上が焼過糖となりました。

明治維新、琉球処分はすんなりと中国（清国）が認めたわけではありませんでした。明治政府は中国（清国）政府と沖縄県を分割して八重山地方を清国に帰属させるなどの打開策を模索していましたが、すんなりと合意には至りませんでした。

そのような中、1894年（明治27年）に朝鮮の支配権を巡り日本と清国は対立、日清戦争となりました。結果、日本は勝利しました。

翌1895年下関講和条約が締結され台湾が日本に譲渡されるとともに旧琉球王府と中国との朝貢・冊封体制も終焉を迎えました。

1899年（明治32年）に沖縄県土地整理法が施行されました。土地が個人の所有者となり、間切単位の納税から個人での納税、物納から金銭的な納税に変更されました。貢糖、買上糖制度もこの時点で終わりました（買上糖制度は1899年まで。貢糖制度は1903年まで）。

これにより“琉球”から“沖縄”へ、“王府の農業”が“農民の自由農業”へ移行しました。農民は自立しました。また農村部に貨幣が流通し始めました。

黒糖が農民の商品にやっとなりました。

沖縄のサトウキビ文化は新たな段階へと進んでいきます。儀間真常の製糖技術導入から250年たった後のことです。

明治に入り、旧慣温存施策の一方で、製糖を基幹産業として育成する動きもでてきました。輸入糖に対する対抗の意味合いもあります。図1-5に示すように作付け規制解除、土地整理法施行を経て、生産高は30年間で7倍以上になりました。

一方、支配下となった台湾からの原料糖（現地で粗精製した分蜜糖）輸入が本格化し内地の精製糖産業が確立していったのもこの頃です。

1901年（明治34年）に日本政府は富国強兵・財政強化のための新税を模索し、嗜好品に対する課税として砂糖消費税制度を導入しました。消費税との名称ですが事業者より税を徴収しました（ちなみにこの制度は1989年に始まった現代の消費税導入まで続きました）。

サトウキビ産業がまた租税の源となりました。含蜜糖は分蜜糖より税率は抑えられたものの税相当を価格に転化することへの市場理解が得られず、課税分はコストアップ要因となりました。黒糖100斤4円に対して1円、税率25%という資料も存在します。太平洋戦争末期には税率が80%にもなりました。

この砂糖消費税は糖業に関する政治交渉の材料、戦費調達の原資として以後幾度となく俎上に上ります。

この明治30年代以後、明治政府は分蜜糖製造産業振興に舵を切り始めました。これは産業振興施策の観点、台湾産の原料糖が豊富に存在すること及び内地食生活の多様化に伴う黒糖消費の限界を感じ始めたことなどの環境要因からの選択であったと考えます。

沖縄黒糖は生産自由化から僅かばかりの時を経て次の岐路に立たされ始めました。沖縄県も黒糖のみではサトウキビ栽培農家の成長に限界があると考え、国へ働きかけました。台湾の原料糖移入増加に対する焦りも当然ありました。

その結果「糖業改良事務局法」が1906年（明治39年）施行され、分蜜糖製

図 1-5　含蜜糖生産・輸入量概算

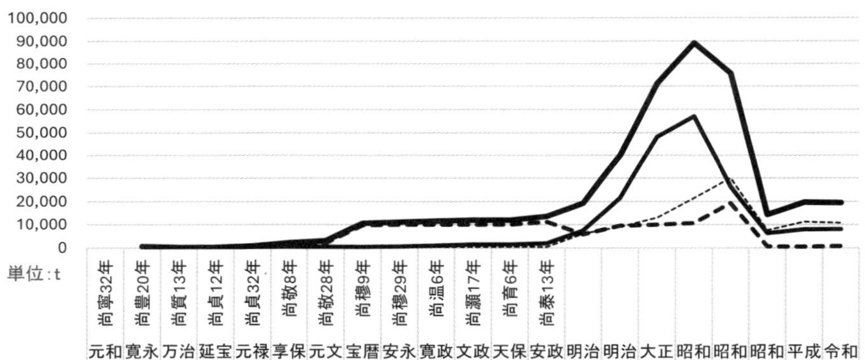

●下記資料のデータを参考に生産量をイメージ化した 。
『砂糖の需給見通し』（農水省）、『精糖年鑑』（琉球政府、沖縄県庁）、『沖縄の黒糖文化史』（源武雄）、『糖業技術史』（糖業協会）、『現代日本糖業史』（糖業協会）、『沖縄・奄美の文献から見た黒砂糖の歴史』（名嘉正八郎）、『続砂糖の歴史物語』（谷口學）
●当該年度の生産量が不明の場合、近時年の生産量を用いた。
●（沖縄薩摩以外の）内地糖は含蜜・分蜜の区分は困難（技術史的に分蜜優位）。分蜜1.4万トン、含蜜0.9万トン程度。

造も行うことが決定しました。分蜜・粗精製した内地への原料供給産業の開始です。

同年、西原村に糖業改良事務局試験地（その後県立糖業試験場となる）が開場し、嘉手納などに分蜜糖工場が設立されました。

分蜜糖工場は精製工程があるため大規模な設備となります。よって分蜜化に伴い、農家はサトウキビ生産、工場は製糖と役割が分離されます。

こうして西原が精糖産業の中心地となっていきました。

西原町のサトウキビ関係者曰く、「当時は山の上までサトウキビ畑だった」「子供のお駄賃には小さな黒糖のかけらをあげた」「黒糖は貴重品だったので子

サトウキビを運ぶ農民

製糖工場があった場所は現在ショッピングモールが建ち、その一角にある製糖記念小公園。当時の様子が再現されている

三転子の搾汁機（レプリカ）

供が黒糖を持っているとカツアゲにあった」とのことでした。西原町の製糖記念小公園に当時の記録が残っています（37頁 写真）。

しかし、農家の原料サトウキビ販売価格を巡って製糖工場（資本家）と様々な対立があった模様で、自家製造（含蜜糖）は続けられました。政府、沖縄県が描くようにはすんなりとは分蜜糖産業への切り替えは進みませんでした。

それは農家にとって、沖縄黒糖は貴重な換金作物であり、黒糖まで加工して初めて付加価値がついた価格で現金化されるからです。自家製造は家族労働ですので労務費をコストに算入しないため、サトウキビ販売より多くの売り上げが得られ、利益も高くなるという理由です。

国策、大資本の論理で分蜜糖産業の事業設計をしたものの、農家の立場に立たなかった（立てなかった）ことが敗因と考えます。工場へのサトウキビ販売の促進施策が乏しくインセンティブが乏しかったのです。

サーター屋の軒数も大正末期は4,000カ所、沖縄県全体の含蜜糖の割合も70%程度と農家一貫生産が主流でした。これは他作物への転換が難しい気候・土壌であること、再三の記載になりますが換金性の魅力が他作物と比べて極めて秀でていたことに他ならないと考えます。

一方、自立経営になった農家が資材購入のためや納税のために砂糖商人から前借りを行い借金苦に苦しんだという記載が歴史書の多くにあります。農業経営に素人同然であったこと、貨幣経済に慣れていなかったことに起因しているものと考えます。

沖縄は内地のような明治維新後の積極的な興産に出遅れ、小規模農家の離農が進みませんでした。大規模な分蜜糖工場と大規模サトウキビ農家という行政が描いた理想の姿になりませんでした。

内地での製糖業（精製糖）が台頭し、分蜜糖原料の安定確保のため台湾有利な糖業施策が推進され、沖縄製糖産業への興業支援の遅れが現れ始めました。日本政府・沖縄県の糖業振興戦略はどうもチグハグだった印象を私は受けます。

いずれにせよ日本全体としては分蜜糖隆盛の時代を迎えた明治30年代、沖縄サトウキビ産業、その中でも沖縄黒糖は独自路線へ舵を切ったこととなりました。

【台湾の成り立ち、製糖業　少し詳しく】

先住民が住む台湾にオランダの東インド会社が1624年に進出。対日貿易の拠点として砂糖を重要視。台湾のサトウキビ産業を興しました。琉球黒糖生産開始とほぼ同じ時期です。1650年の人口は10万人程度。その後17世紀の後半に清朝の支配下になり漢民族が移住しさらに農業開発が進みました。

日清戦争の結果、1895年に日本の支配下になった以後、本格的に製糖産業を発展させました。台湾で生産された原料糖を日本に運び精製していました。1902年に３万トンであったものが1929年に80万トンと驚異的な成長を示しました。近代精糖原料糖基地として一気に改革を実施しました。

９.沖縄編③　開戦まで　――２つの大戦とサトウキビ産業

第一次世界大戦が1914年（大正３年）に勃発、ヨーロッパが戦場になり工業生産、農業生産に甚大な被害を受けました。甜菜糖製造を含めてです。
これにより沖縄の製糖産業も活況を呈し規模を拡大しました。しかしこの好景気も終戦（1918年）とともに急速にしぼみ､過剰投資による不況に陥りました。

また同時期（1923年）の関東大震災、さらに米国での過剰な生産・金融投資が引き金となった世界恐慌（1929年）と経済的なダメージが続き、沖縄も慢性的な不況に陥りました。サトウキビ生産推奨の流れの中で水田をサトウキビ畑に変えて換金性を追求していた農民も多い中での黒糖価格大暴落です。沖縄史で語り継がれる“そてつ地獄”時代が始まります。米・芋ではなくそてつを食べる状況であったとのことです。女の子を辻遊郭へ売る「辻売り」、糸満などの海人(うみんちゅ･漁民)に労働力として男の子を売る「糸満売り」が行われ、租税滞納者率が40%を超えたとも言われています。

日本政府は沖縄県の再活性化のために1932年、「沖縄振興15ヵ年計画」を策定しました。黒糖産業振興案も当然盛り込まれました。しかし、日本は中国大陸へ進出していく中、戦時体制に入り1937年に日中戦争、それに引き続き1941年からの太平洋戦争へ突入し計画は頓挫しました。

【甜菜糖(テンサイ)　少し詳しく】

低緯度地域に植民地を持たないドイツはサトウキビに代わる甘味資源の探索を続けていました。1747年に甜菜（ビート）の根から砂糖ができることを発見しプロシア皇帝ウィルヘルム三世の援助で工業化、それに次いでフランス皇帝ナポレオン一世も拡大に努めました。その後サトウキビ糖とのコスト競争力が問題となりましたが、国産糖確保の観点より保護を続けました。現代ではサトウキビ糖の生産量より甜菜糖の生産量が実は勝っています。

日本においては明治初期、東北地方でその栽培、製糖が開始されました。本格的な発展は大正時代に北海道十勝・北見地方で開始されました。現在、国内糖生産の約80%は北海道の甜菜糖です。

10. 沖縄編④　復興、近代化　――アメリカ世、琉球から再び日本へ

1945年、終戦。沖縄は米国に占領され1972年までの“アメリカ世(ゆー)”になります。米軍統治下の琉球政府は1952年に発足しました。

食糧自給の向上のためサトウキビ畑は食物畑へ転換しました。また多くの製糖場の戦火による被害は言うまでもありません。

沖縄黒糖の生産は僅かばかりになりました。本島のサトウキビ苗を今帰仁へ移し将来の再興に備えたとのことです。

占領軍は国際競争力の観点でサトウキビ産業の復興に対してポジティブでは無かったとのことです。しかし沖縄県民の製糖業復興の熱意で、1951年にまず南大東島で製糖産業が再始動しました。

沖縄島では1953年に南風原に南部製糖工場（分蜜糖）が完成し、製糖産業の復興が始まりました。

1959年に日本政府によって発表された「甘味資源の自給力強化総合対策」により沖縄糖業は様々な特別措置を受け（外国であった内地への関税免除など）、製糖産業育成の振興策が打ち出されて沖縄糖業は発展期を迎えました。大型分蜜糖工場の稼働により、分蜜糖への移行も急激に進みました。

そのような中、沖縄黒糖は米軍統治の間の市場機会ロス、戦後食文化の西洋

化などで大きく生産規模を落としました（図1-5）。

1960年代、徹底的な合理化が分蜜・含蜜とも進められ、工場の統廃合が加速しました。併せて1963年、日本政府は砂糖の輸入自由化を決定しました。沖縄の糖業は独り立ちの時代を迎えました。

この過程で含蜜糖は規模が小さい離島中心の産物になっていきました。原料であるサトウキビの鮮度維持、黒糖生産の規模の観点で離島での生産が最適だったからです。

時を同じくしておこった1962年のキューバ危機により砂糖の国際価格の高騰を招き、“サトウキビブーム”と呼ばれるサトウキビ、サトウキビ糖増産の動きにつながりました。

高付加価値の園芸作物がまだ軌道に乗る前の沖縄離島農業において沖縄黒糖産業は離島維持の要としての産業でありました。

このように、本島周辺離島、宮古・八重山地方は1888年のサトウキビ作付け制限撤廃以後、黒糖生産を本格的に開始し、戦後は沖縄黒糖の中心的生産地となりました。儀間真常の製糖技術導入から300有余年のことです。
沖縄黒糖（含蜜糖）は独自の風味・栄養原料として、また離島農業保護、ひいては離島保全の意味合いという方向性が定まりました。

1972年の日本復帰直後、「含蜜糖価格差補給金制度」が設けられこの含蜜糖生産の基盤がひとまず安定しました。

11. そして現在　――世界の中の沖縄黒糖、うちなーんちゅの黒糖意識

1981年からさらなる含蜜糖合理化施策が検討されました。その過程の中でサトウキビ栽培規模が大きい多良間島、伊是名島の分蜜化も課題として上がりました。伊是名島は分蜜糖へ舵を切りましたが、多良間島は含蜜糖を選択しました。両島、サトウキビ産業維持のため、離島経済を守るための苦しい選択であったと思われます。

現在、多良間島は沖縄黒糖の1/3以上を生産する主要生産地となり品質も良好です。多良間島が無ければ沖縄黒糖は成り立たない、そんなポジションを

図 1-6　現代の沖縄黒糖

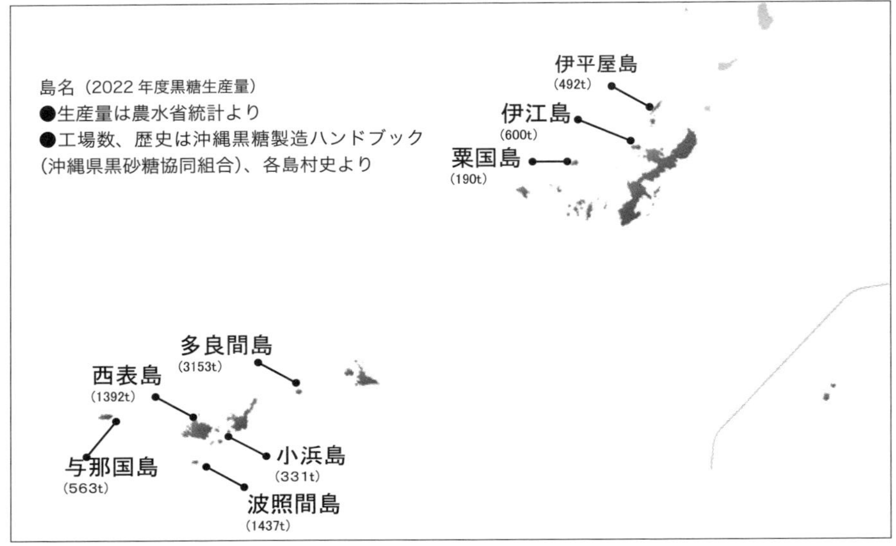

黒糖工場（作業場）の推移

- 1920 年 約 3000
- 1940 年 約 4000
- 1952 年 776
- 1960 年以後 17
- 2011 年以後 8

8 島の黒糖生産

- 1623 年 製糖技術が伝わる この時代の八重山サトウキビ栽培・製糖に関する明確な記録は無い
- 1693 年 サトウキビ作付制限（伊江島は可）
  琉球王府による生産コントロール
- 1888 年 サトウキビ作付制限解除
  伊平屋、粟国、多良間、小浜、西表、与那国生産開始
- 1915 年 波照間生産開始
- 戦後各島生産規模拡大
  西表：東部地区開拓　波照間：稲作から転換
- 1964 年に伊江島が、80 年代に伊是名島が分蜜化
- 2011 年 伊江島 50 年ぶりに黒糖生産再開

形成しています。

伊江島は儀間真常の時代から作付け制限を受けず製糖業が続けられ、1964 年に分蜜化。一時期糖業が中断されましたが 2011 年に黒糖製造を再開しました。生産量は中規模ですが 400 年の伝統が復活しました。この時点で現在の大規模工場 8 島体制が確立されました（図 1-6）。

沖縄県黒砂糖工業会に加盟している 8 島（東から伊平屋島、伊江島、粟国島、多良間島、小浜島、西表島、波照間島、与那国島）と手作りのクラフト黒糖生産者の皆様、この方々で長い伝統が守り継がれています。

第１章はそろそろ終了です。歴史の旅にお付き合いいただいてありがとうございました。この章はサトウキビ、サトウキビ糖を中心とした産業・食文化の伝播を俯瞰することを目的としています。よって政治的諸問題、経済的な流れなどは必要最小限にとどめました。農業経済学的視点での沖縄黒糖論には全くなっていません。御了承下さい。

取材を続けると、より付加価値が付く「畜産」「園芸作物」への転向を志しておられる方も増えています。多良間島でも圃場の一等地が草地になっているのを目の当たりにしました。一方、沖縄黒糖の品質を高める努力を惜しみなくされておられる方々もいらっしゃいます。そういう意味では離島経済活動の方向性の転換点に近づいているのかもしれません。

図 1-7 に示しました通り、日本人の甘味の摂取はこの 30 年間で一人あたり 15% 減少、砂糖の消費量は異性化糖への置き換えの影響もあり 30% 減少しています。

沖縄黒糖の生産高は図 1-5 に示した通りの盛衰を経て、現在は年間１万トン弱の生産量で推移しています。最盛期は大正 ~ 昭和にかけての６万トン強です (主に沖縄島で生産)。

図 1-8 にこの 400 年の含蜜糖、分蜜糖の生産・消費量と割合の推移を示しました。歴史事象を添えてあります。本章で御紹介した様々な出来事が沖縄黒糖の生産・消費に影響してきたことを理解していただけると思います。

現在のサトウキビ糖、甜菜糖の生産量は世界で２億トン弱、その中で含蜜糖の生産量は約 500 万トン (2.5%)、内沖縄黒糖約１万トン (0.005%)。これを稀少性と捉えなおして付加価値化施策を探っていきたいと思います。

図 1-9 に世界の含蜜糖の現状を取りまとめておきました。世界の含蜜糖は世界貿易品というよりは地域特産物的な存在になっています。いろいろな公的機関をあたっても総合的な統計資料は 2010 年までしかたどり着けませんでした。残念なことに生産量が急激に落ちている国もあります。

一方、ラテンアメリカでは含蜜糖の自然観が見直され生産が伸びている国もあります。インドのジャガリーは日本国内でも健康糖として人気が高まってい

図 1-7 日本の甘味消費量推移

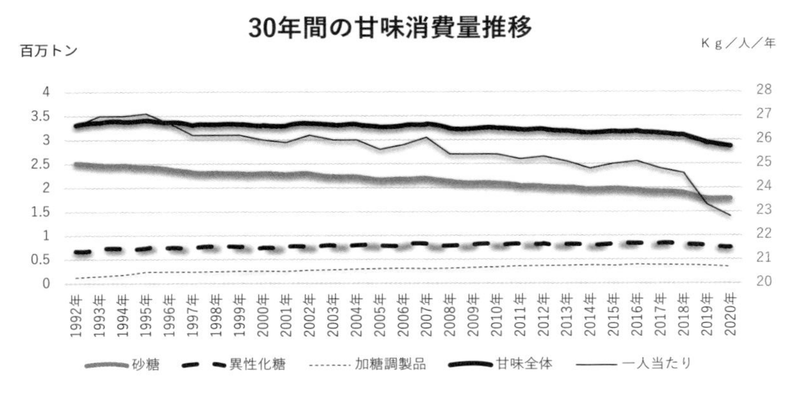

データは糖業年報より。異性化糖は果糖 55%の標準異性化糖固形分に換算
加糖調製品は含糖量ベース

●デンプンを糖化した異性化糖は 1980 年代から主に飲料用途で普及。
●加糖調製品（コーヒー、ココア等）は用途を絞ることにより低関税にすることができる輸入品区分。
●それらの台頭により砂糖の需要は 20 世紀末から低下。
●併せて健康志向、低糖質志向により 2018 年あたりより再び低下。
●甘味トータル消費量として日本人一人当たり 1992 年には 26.6kg、2020 年は 22.8kg。30 年間で 15% ダウン。
●砂糖の消費量は日本人一人当たり 1992 年は 20kg、2020 年は 14kg。30% ダウン。これは砂糖の異性化糖への置き換えの影響も大きい。

ます。各国の含蜜糖食文化は第 2 章第 3 節に記載しています。情報がなかなか取れない国もありもどかしいですが、今後も研究を続けたいと考えています。

最後に図 1-10 に我々が行った沖縄県在住者の黒糖に対する意識調査のデータを載せておきます（調査の方法は第 2 章第 5 節で説明します）。もはや半数のうちなーんちゅが黒糖をほとんど食べていないこと、一方、5% の方が毎日食べていること。これがリアルな生活者の実態です。半数もの方が食べているのだと感じる方もおられると思います。

一方、沖縄黒糖はうちなーんちゅの生活から離れ、土産物素材になる可能性もあります。沖縄の食生活の中で新しい情報を入れて再活性化する可能性もあります。沖縄黒糖は幸いなことに生産が安定しています。そして政府の支援体制も整っています。この安定期に稀少性がある素材を活用し如何に付加価値を付けるか、未来に向けての次の手を考える好機と思います。

図 1-8　日本の含蜜・分蜜生産量・輸入量推移

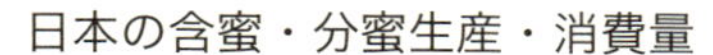

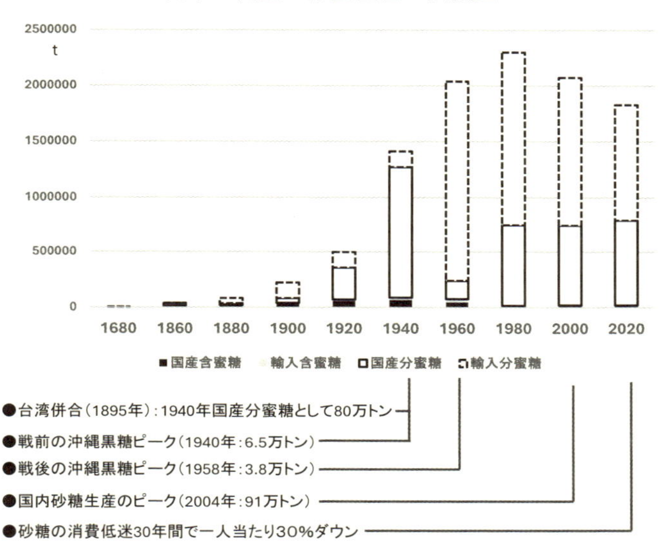

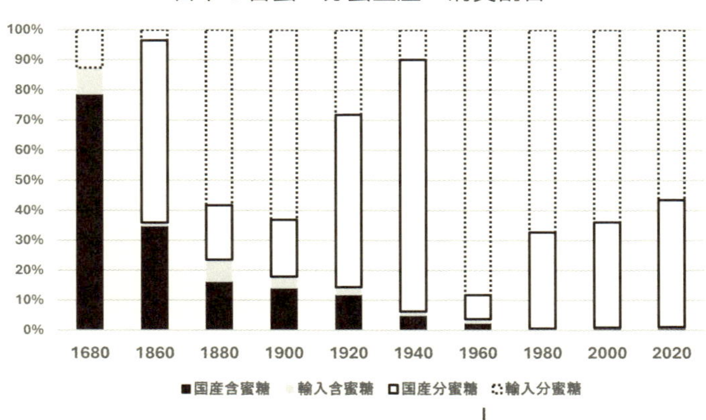

●下記資料のデータを参考に生産量をイメージ化した 。
砂糖の需給見通し（農水省）、精糖年鑑（琉球政府、沖縄県庁）、沖縄の黒糖文化史（源武雄）、糖業技術史（糖業協会）、現代日本糖業史（糖業協会）、黒砂糖の歴史（名嘉正八郎）、続砂糖の歴史物語（谷口學）
●当該年度の生産量が不明の場合、近時年の生産量を用いた。
●粗糖は分蜜糖に算入した。台湾糖も併合時は国産分蜜糖に算入した。
●（沖縄薩摩以外の）内地糖は含蜜・分蜜の区分は困難（技術史的に分蜜優位）。分蜜 1.4 万トン、含蜜 0.9 万トン程度。

図 1-9 世界の含蜜糖

国	名称	生産量	シェア	特記事項
1インド	ジャガリー（Jaggery）	370	48.3%	世界最大生産国ではあるが生産量、消費量とも急減している
2コロンビア	パネラ（Panela）	130	17.0%	国内消費がほとんど　小規模農家保護施策　**含蜜糖向けサトウキビ増加**
3パキスタン	ジャガリー（Jaggery）	75	9.8%	
4中国	紅糖　赤糖	44	5.7%	**フェムテック関連の栄養としての価値が中国国内ではある**
5ブラジル	ラパデュラ(Rapadure)	42	5.5%	**生産量増加　価値の見直しが図られている**
6バングラデイシュ	グル(Gur)	32	4.2%	生産量急減
7ミャンマー		32	4.2%	生産量急減
8フィリピン	マスコバド（Mascovado）	11	1.4%	
14日本	黒糖	1	0.1%	安定的生産体制
合計		**766**		

生産量データはFAOSTATより
2009年　単位：万トン

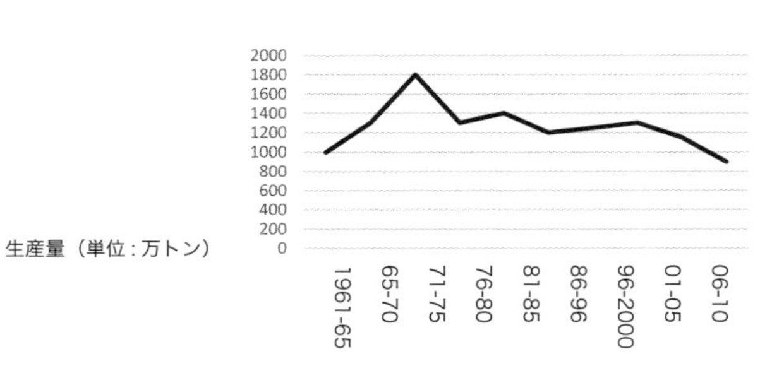

図 1-10　沖縄県在住者の黒糖に対する意識調査

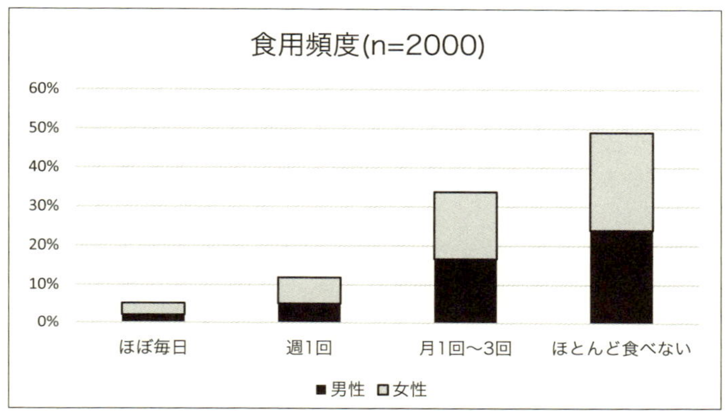

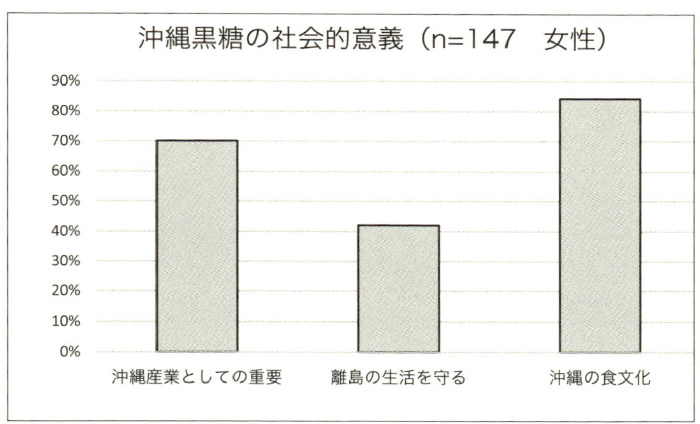

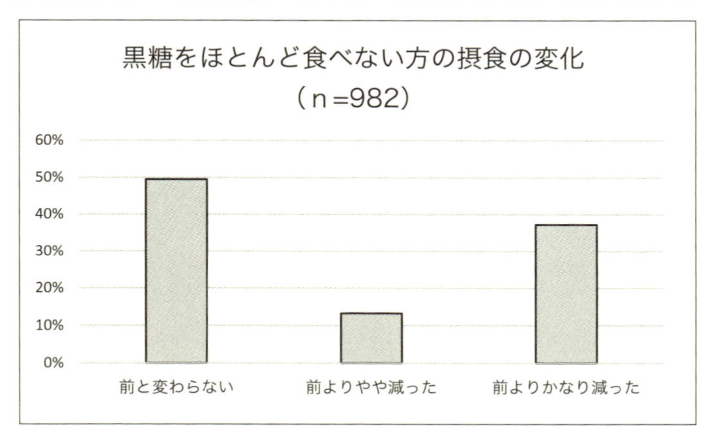

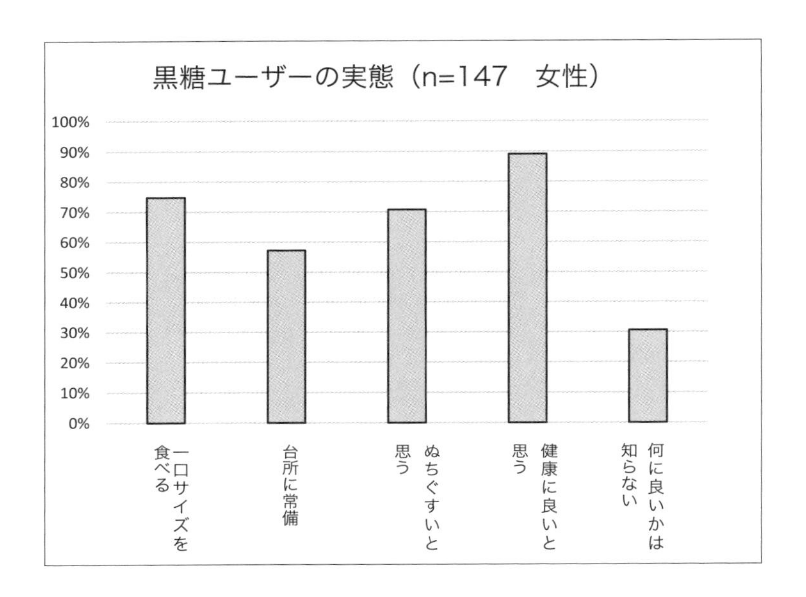

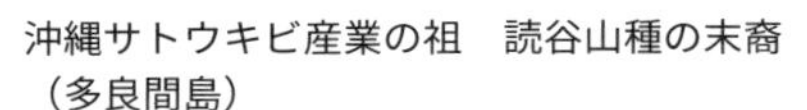
沖縄サトウキビ産業の祖　読谷山種の末裔
（多良間島）

現在の栽培品種　農林系大茎種
（粟国島）

【参考文献】

『改訂ジュニア版琉球・沖縄史』 新城俊昭　東洋企画　(2018)
『もういちど読む山川世界史』 山川出版社（2009）
『もういちど読む山川日本史』 五味文彦他編　山川出版社（2009）
『シュガーロード　砂糖が出島にやってきた』 明坂英二　長崎新聞社（2002）
『砂糖の世界史』 川北稔　岩波書店（1996）
『沖縄史の五人』 伊波普猷他　琉球新報社　(1974)
『天工開物』 薮内清訳　東洋文庫（1969）
『琉球王国の成立と展開』 来間泰男　日本経済評論社（2021）
『琉球近世の社会のかたち』 来間泰男　日本経済評論社（2022）
『琉球王国から沖縄県へ』 来間泰男　日本経済評論社（2023）
『決定版　目からウロコの琉球・沖縄史』上里隆史　ボーダーインク　(2024)
『17 ～ 19 世紀琉球の砂糖生産とその流通』 来間泰男　沖縄国際大学紀要（2021）
『沖縄・奄美の文献から見た黒砂糖の歴史』 名嘉正八郎　ボーダーインク (2003)
『近代沖縄の糖業』 金城功　ひるぎ社（1985）
『沖縄の黒糖文化史』 源武雄　（社）琉球農林協会（1958）
『砂糖の歴史物語』 谷口学（1997）
『続砂糖の歴史物語』 谷口学（1999）
『季刊糖業資報：インドの製糖起源と東西世界への伝播』 谷口学　糖業工業会(2008,09,12,13)
『季刊糖業資報：砂糖消費税法の沿革』 谷口学　糖業工業会 (1976,77,80)
『現代日本糖業史』（社）糖業協会　丸善プラネット（2002）
『糖業技術史－原初より近代まで』（社）糖業協会　丸善プラネット（2003）
『現代糖業技術史－第二次大戦終了以後－（甘蔗糖編）』（社）糖業協会　丸善プラネット（2006）
『現代糖業技術史－第二次世界大戦終了以後 -（ビート糖編）』（社）糖業協会　丸善プラネット（2006）
『戦前日本製糖業の史的研究』 久保文克　文眞堂 (2022)
『日本における甘味社会の成立』 鬼頭宏　上智經濟論集（2008）
『サトウキビとその栽培』 宮里清松　（社）沖縄県糖業振興協会（1986）
『つながる沖縄近現代史』 前田勇樹他編　ボーダーインク（2021）
『「和菓子の歴史」展　第 50 回虎屋文庫資料展』 虎屋十七代目黒川光博 (1997)
『砂糖の文化誌』 伊藤汎監修　八坂書房　(2008)

『砂糖の事典』 日高秀昌他 東京堂出版 (2009)
『砂糖の知識』 安藤孝久 (財) 口腔保健協会 (1983)
『甘味(あまみ)の系譜とその科学』吉積智司他 光琳 (1986)
『西原町史第7巻資料編6』 西原町教育委員会 (2003)
『具志川市史第8巻民俗編上』 うるま市教育委員会 (2011)
『伊平屋村史』 諸見清吉編 伊平屋村史発刊委員会 (1981)
『伊是名村史 下巻』 伊是名村史編集委員会 (1989)
『竹富町史 第七巻 波照間島』 竹富町役場 (2018)
『竹富町史 第三巻 小浜島』 竹富町役場 (2011)
『伊江村史』 下巻 伊江村史編集委員会 (1980)
『製糖創業25周年記念誌』伊江村農業協同組合 (1977)
『粟国村誌』 粟国村 (1984)
『八重山糖業史』 入嵩西正浩編 石垣島製糖 (株) (1993)
『砂糖の歴史』 A.F. スミス著 原書房 (2016)
『図説科学で読むイスラム文化』 H.R. ターナー 青土社 (2001)
『砂糖のイスラーム生活史』 佐藤次高 岩波書店 (2008)
『イスラム技術の歴史』 A.Y. アルハサン他 平凡社 (1999)
『奄美群島の糖業事情』 有門博樹 農林省振興局 (1958)
『沖縄・奄美と日本(ヤマト)』谷川健一編 同成社 (1986)
『糖業年鑑』 貿易日日通信社 (2002、2012、2022)
『近代日本糖業史』 (社) 糖業協会 勁草書房 (2013)
『糖業年報』 琉球政府
『糖業年報』 沖縄県
『薩摩の砂糖 (九州近世史研究叢書8)』 原口虎雄 国書刊行会 (1960)
『沖縄サトウキビ作の長期動態』永田淳嗣 (独) 農畜産業振興機構ＨＰ (2012)
『Non centrifugal sugar-World production and trade』 W.R.Jaffe www. Panelamonitor. org (2015)
『沖縄黒糖製造ハンドブック』 沖縄県黒砂糖協同組合 (2015)
『変貌する世界の砂糖需給』 (独) 農畜産振興機構編 農林統計出版 (2012)

取材メモ

伊平屋島

伊豆味文徳さん　伊平屋島サトウキビ生産組合長

末吉三七男さん　同副組合長　（2023 年 12 月）

伊平屋島。与論島が目の前、県境。星空と砂浜が見事な沖縄県最北の有人島。
島のあちらこちらに“沖縄の原風景、伊平屋島”のポスター。この書籍準備の最初の取材、当然初対面なおかつ単身。カウンターのネタケースには島蛸、シャコガイ、ミーバイが並ぶ「海魚」、“居酒屋の原風景”のようなお店、そんなシチュエーションでした。飲みながらやりましょうということで組合長お勧めの居酒屋でお会いすることになりました。
伊豆味さんと末吉さんは仲の良いコンビです。将来の黒糖のため、島のためにやりたいことは沢山あるけど、離島のために情報が乏しく、動き方がよくわからず、観光客受け入れキャパも少なく、それが悩みとのこと。
黒糖最大生産量の多良間島は分蜜工場へ移行できる規模があるのに黒糖を続けてくれている仲間であること。でも遠い島で往来はほとんど無いこと。黒糖は御飯とかパンに良く合うこと。黒糖トースト、黒糖おにぎり。北緯２７度線が伊平屋島中心部を通っていて、ここから北の島は琉球王国から薩摩藩に割譲され彼らは厳しい黒糖搾取を受けたこと。逆に彼らは米軍占領から早く復帰できて日本に戻れたこと。昔は各家に 50kgはある黒糖の塊があって、それを削って食べたり、贈り物にしたりしていたこと。その黒糖柱（仮称）の復活をＪＡ伊平屋に具申していること。満月の月夜のマラソン“ムーンライトマラソン”をもっと活性化したいけど宿泊設備が不足していること、新暦で動く現代、満月は旧暦、毎年開催日が変わり開催しにくいこと、グスク跡もあり歴史遺産としても売り出したいこと……などなど。

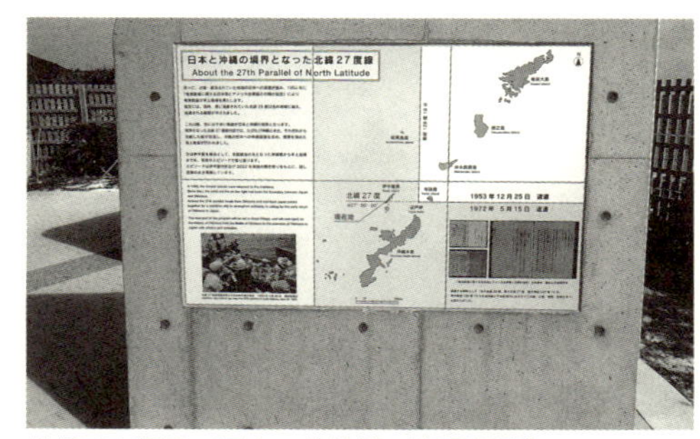

北緯 27 度線　歴史の分岐線（伊平屋島）

居酒屋の夜はあっちこっちに話が飛びながら楽しく更けていきました。
お土産に頂戴した伊豆味さん特製黒糖豚脂味噌、黒糖と豚の甘さの相乗効果でかなりおいしかったです。豚の脂身もゴロゴロ入っており男気あふれる御飯供。新名物にしましょう。JUNGLIA（ジャングリア）で販売してください。（な）

西表島

友利良太さん　西表さとうきび生産組合長　（2024年3月）

西表の最南の居酒屋「AZAHAEMI」、製糖期終盤の激務の中来ていただけました。
テーブルの上にはオリオンビール、魚のマース煮それと絶品沖縄そば麺の焼きそば。
友利さんは黒糖をよく食べる。特に忙しい時。農作業の際も持って行って畑で食べる。でも子供たちは食べなくなってきているのが少し寂しいですね、とまず挨拶代わりのいつもの黒糖食経験のヒアリング。
さすが生産組合長、未来の西表に関する質問にはテンション高く早口になります。
やはり西表黒糖をブランドとして価値向上させるためには黒糖の品質を高めるしかない。幸いなことに虎屋さんが西表黒糖を使ってくれているので、それが生産者のプライドになっている。その価値をみんなで高めないといけない。西表でも園芸作物の生産が盛んになってきているが基幹作物はやはりサトウキビ。それがすたれることは無いと思う。収穫量を求めるか、糖度など品質を求めるか生産者間でも様々な意見があるのはしょうがないこと、と。
日本のサトウキビ育種の傑作農林八号を大切に守っています。
世界遺産化した西表、観光客増大の中でまだまだ西表黒糖のブランド力向上施策は沢山ありますが、芯は原料の品質、商品はその化けた姿ということを理解されている方だなあと感じました。
書籍の出版記念セミナー＆即売会を地域の公民館で開いていただけるとのこと、頑張らなくては。（な）

多良間島

来間春誠さん　前宮古島製糖（株）多良間工場工場長　（2024年3月）

ＪＡおきなわ特命営農指導員・小林輝彦さんに「さとうきび・沖縄黒糖の語り部として最強の方を紹介してください」と打診したのが23年12月、そして多良間島の来間春誠さんを紹介していただきました。

多良間島　丸くて平たいサトウキビの島

ご自宅の客間で沖縄サトウキビ産業の歴史講義

新糖香るさーたーあんだぎー

多良間島は宮古島と石垣島の中間にある周囲 20km のサトウキビとヤギの島。宮古郡に属し沖縄黒糖の 1/3 以上を生産しています。
３月にご自宅に訪問、資料も沢山準備していただきました。誠実そのもののお人柄、大変感謝しております。サトウキビ圃場から製糖工程までの品質向上・効率化の仕組みを丁寧に教えていただきました。多良間の黒糖は香りも良く、水分が少なく純度も高い。何度となくその言葉を熱く語られる姿、身を乗り出して資料を説明して下さる姿、今でも記憶に残っています。
おやつには奥様手作りのさーたーあんだぎーを、夕食には豚の煮付けを御馳走していただきました。それは多良間黒糖の風味を最大限引き出した絶品でした。香り高い黒糖料理。新糖の季節だったのでよりラッキーだったかも。黙々と食べてしまいました。御馳走様。
後日、奥様にさーたーあんだぎーと豚肉の煮付けの作り方を教えていただきました。
さーたーあんだぎーは生地の中に油を入れないシンプルな作り方。だから黒糖のテロワールが広がるのですね。煮付けは多良間産にんにくを使ったパンチのあるおかず。黒糖とにんにくの相性も良く奥深い味になります。時短をせずしっかりと茹でる、煮付けるの基本を教えていただきました。
本当にお世話になりました。
多良間工場の敷地内には沖縄で初めての選抜品種“読谷山種”が移植され育っていました。明治初期の品種。現在の大茎種の半分程度、２ｃｍぐらいの径。これがダ

イナミックに世界史を動かしてきたのだと思うと感慨深いものがありました。（な）

多良間島

豊見山正さん　ツーリズムたらま代表

（2024 年 3 月）

多良間島黒糖舎　おしどり夫婦で手作り黒糖製造
食育の場としても活用

「多良間島へ黒糖の取材に行きます。黒糖の歴史、未来を熱く語れる方を紹介して下さい！」と多良間村役場観光振興課に無茶な電話をしました。有難いことに丁寧に対応していただき、村議でもあり、体験型農業で製糖実習も行っておられる豊見山正さんの紹介を受けました。

春の風が心地よいご自宅庭テーブルで御挨拶、取材開始。眼光鋭いなかなか強面（こわおもて）の方だなあと最初は緊張したのですが、すぐ会話で解れて貴重なお話をお伺いすることができました。

直近（この数年）でも分蜜化の話があったこと、分蜜にするメリット・デメリットなどの説明をしてくださいました。国営の灌漑事業が進んでおり、あと数年で完成。これができるとサトウキビの干ばつ対策につながると同時に高付加価値園芸作物栽培にも弾みがつくので期待していることなどを説明していただけました。

多良間島はサトウキビと畜産の島。農業生産額が数年前に畜産の方が大きくなった。それが現実だが、日本一のサトウキビの島、黒糖の島としてのプライドで皆頑張っているとのお話を頂戴しました。

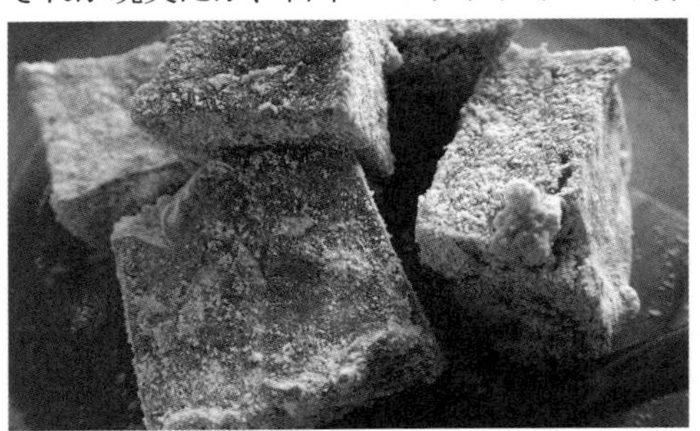

手づくり黒糖で手作り葛もち

豊見山さんの奥様のおやつは黒糖葛もち。香り豊かで心地よい歯通り。ここでも産地ならではの黒糖使いを感じました。

取材の後は車でご自身の製糖（シートー）小屋へ。非常に小ぎれいで使い勝手が良い作業場でした。几帳面な性格がそのまま表れています。ここで奥様と二人仲良く自家黒糖を生産されているとのこと。手作りは工場品よりも優しく加熱しているためか色調が明るく、フルーツ感が残っていました。
最後に多良間島一周ドライブに連れて行って下さいました。飛行場滑走路の端から入る細い路、海の間際で行き止まり。波の向こうに石垣島。（な）

粟国島

上江洲智章さん　JA おきなわ 粟国製糖工場長　（2024 年 6 月）

那覇泊港からフェリーで 2 時間。周囲 10 数 km の粟国島。黒糖八島の中で最小の島です。
工場長上江洲さんは四十代。アクティブで熱い方。この冬の製糖期から新たに導入する粉体ラインの準備で忙しい中、語っていただけました。
粟国島でも高齢化が進み、次世代のサトウキビ産業施策が求められている。自分は工場長をやりながらサトウキビを生産し効率的な農業のやり方を追求している。手を抜かずにやればやるほど生産性が上がり利益が出るのが楽しい。その余地が粟国にはまだある。規模が小さい島なので、逆に努力が正直に数字に出てやる気がでる。生産者の気持ちがわかるから工場長業務にも力が入る。両方やることは非常にためになる。若い人に対して模範になるとか、かっこいいことを言うつもりはないが、頑張れば報われて生活が豊かになることを示したい。そうすれば若者の活気がみなぎる島になると思う。まだ工場の操業度にも圃場の拡大が可能な遊休地もあります。
粟国黒糖は洗練された澄んだ風味です。この価値が消費者に広がり、島が潤ってほしいと思いました。（な）

ウージの森（粟国島）

伊江島

与那城一男さん　JA おきなわ 伊江支店

儀保広勝さん　JA おきなわ さとうきび振興部製糖工場アドバイザー

（2024 年 6 月）

伊江村村是

村是「わが村は田地なき故　砂糖を増産し米を購え」
伊江島の黒糖工場の応接室にこの村是があります。
水が乏しい伊江島ではサトウキビが大事な経済作物。終戦後、強い熱意で増産が続けられ、1962 年には分蜜糖へ移行。しかし生産量の低下で採算が取れず工場は 2000 年代前半に閉鎖。しかしサトウキビ栽培は続けられ黒糖工場として 2011 年復帰を果たしました。
輪作の地力回復にサトウキビが有効なことが見直されたり、機械化、委託化が進み新しいサトウキビ産業・労働のあり方が模索されています。
実は伊江島は離島の中で唯一、儀間真常の時代から製糖が行われています。
歴史的には黒糖 8 島の中で最古参です。
お話をお伺いした儀保アドバイザー曰く、
「歴史をたどれば大先輩ですが、時代も変化しました。初心にかえってがんばります」。（な）

第２章

沖縄黒糖、そのおいしさ

──歴史、食文化、科学からのアプローチ

黒糖を使った様々なお菓子

はじめに

白砂糖が中心の世の中で、なぜ黒糖が存在し続けているのでしょうか。その理由の一番は黒糖独特の「味わい、おいしさ」でしょう。本書の目的は「黒糖の価値をもっと世の中に広めるため、いろいろな提案をする」ということですが、本章では黒糖の「おいしさ価値」を様々な側面から論じ、その価値はどこから来るのか、価値をもっと世の中に広めるには、何をしなければならないか、を考えます。

前章で詳しく述べたように、人間の歴史で最初に現れた砂糖は黒かったはずです。その後、様々な技術により砂糖は白くなってきました。砂糖は白いほど雑味が少なくピュアな甘さです。しかし黒糖は歴史の中でしっかり根付いています。黒糖文化は日本に限らず、南から東アジア、併せてラテンアメリカの国々でも見られます。それは、黒糖の複雑な味に、何か本質的なおいしさの意味があるからに違いありません。

本章では、最初に一般的なおいしさの意味と黒糖の成分を概説します。続いて、黒糖を使う側から見た黒糖の歴史と具体的な用途を、「世界」「日本（内地）」「沖縄」の順に御紹介していきます。そして、黒糖のおいしさはどのように整理されるのか、このおいしさをどのように伝えていったらよいかを論じます。最後に、黒糖のおいしさの科学的研究の現状と今後に向けた提言を行います。

黒糖には様々な価値がありますが、本章では「おいしさ」の価値に関する様々な切り口を味わってみてください。そして、黒糖を使った新メニューや、新商品を開発するためのアイデアのネタとして活用してみてください。

なお本章では、特に断らない限り、上白糖、グラニュー糖などを白糖と表現します。

1. そもそも、「おいしさ」とは何か？

本書では「おいしさ」を、「食品の価値を決める、最も重要な構成要素のひ

図 2-1　おいしさの構成要素

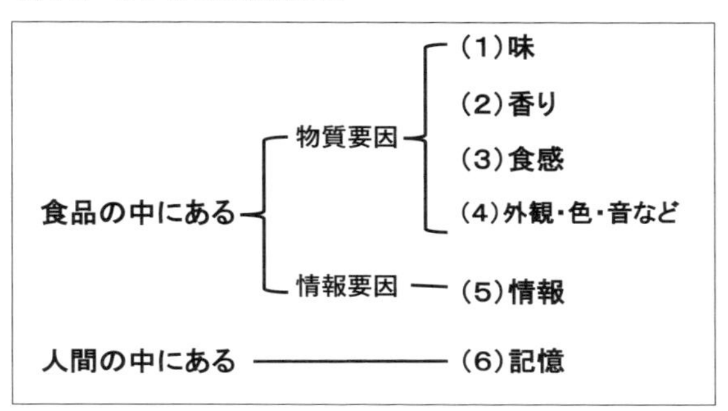

とつ」と扱います。

おいしさを決める要因を、図 2-1 に示します。おいしさは、「味」「香り」だけでなく、「情報」や「記憶」といった様々な要因が複合して生まれます。

「味」は、舌の上で感じる感覚です。黒糖では「甘味」の次に重要なのは「苦味」「酸味」そして「旨味」「塩味」です。

「香り」は鼻で感じる感覚です。口の中で食品を咀嚼した際に発生した香り物質が、鼻に伝わることで感じます。黒糖の場合、ロースト香や、蜜の甘い香り、草の香りなどが重要です。

味も香りもその素は化学物質です。ですから、味や香りは化学の研究の対象になります。本章では第８節で、黒糖の味と香りの化学について説明します。

【おいしさを構成する要素　少し詳しく】

図 2-1 に示すように、おいしさを決める要因は味や香りだけではありません。物質要因としては、食感、外観、色、音などがあります。

そして、とても重要な要因が「情報」です。同じ食品でも、どんな場所で作られたのか、どんな人がどんな思いで作っているのか、という情報が入って食べると、おいしさの感じ方も変わってきます。ワインやウイスキー、スイーツやチョコレートでは、原料、作り手、歴史などの様々な情報が外部から提供されているので、食べる人は、より深くおいしさを感じることができます。本章では砂糖や黒糖の歴史や食文化をお話ししますが、これらの「情報」が食べる人に伝わることがおいしさの感じ方に影響を与えていくのです。

おいしさに影響を与えるもう1つの重要な要因は「記憶」です。人は味を舌や鼻で感じますが、舌や鼻はおいしさのセンサーにすぎません。おいしいかどうかを判断するのは、脳です。舌や鼻で感じた味や香りの信号は神経を伝わって脳に入ります。ここで前述の「情報」と、脳中にメモリーされている「過去の食経験の記憶」が統合され、その結果「おいしい」という情動が起きるのです。同じ物質、同じ情報のものを食べても人によっておいしさの感じ方が違うのは、人によって「記憶されている情報」が異なるためです。

私たちは、人の記憶を勝手に書き換えることはできませんが、最初に記憶される際にできるだけ、好印象で記憶してもらうように努力することは可能です。例えば子供のころから食育を通じて、様々な情報とともに黒糖のおいしさを伝えたらどうでしょう。その記憶は一生残るかもしれません。

このように、「おいしさ」というのはかなり複雑な現象です。物質要因と情報要因は、食品の中にある、すなわち食品自体に紐づいていますので、作り手がコントロールできます。しかし記憶は人間の中にあるので、作り手は全くコントロールできません。黒糖のおいしさを世の中に広め定着させるには、物質要因、情報要因をしっかり整理・見える化してお客様に伝えることで、黒糖をおいしいものとして記憶してもらえるよう、こつこつと努力しなければなりません。

2. 黒糖の成分　——違いは「非ショ糖成分」

黒糖と白糖の成分の違い

黒糖と白糖の違いは、「非ショ糖成分」にあります。「非ショ糖成分」とは、とても硬い表現ですが、黒糖の中の、白い砂糖（ショ糖）以外の成分のことです。黒糖と白糖（グラニュー糖、上白糖）の成分を、図2-2に示しました。砂糖の主成分はショ糖です。ショ糖は、ブドウ糖1分子と果糖1分子が結合した〈$C_{12}H_{22}O_{11}$〉という分子構造を持つ、単一物質です。図2-2に示す通り、グラニュー糖はショ糖以外の成分をほとんど含みません。上白糖になるとごくわずかの水分、ブドウ糖、果糖を含んでいますが、ほとんどがショ糖です。黒糖の主成分ももちろんショ糖ですが、ショ糖以外の様々な成分が含まれていま

図 2-2　砂糖の成分と主な非ショ糖成分

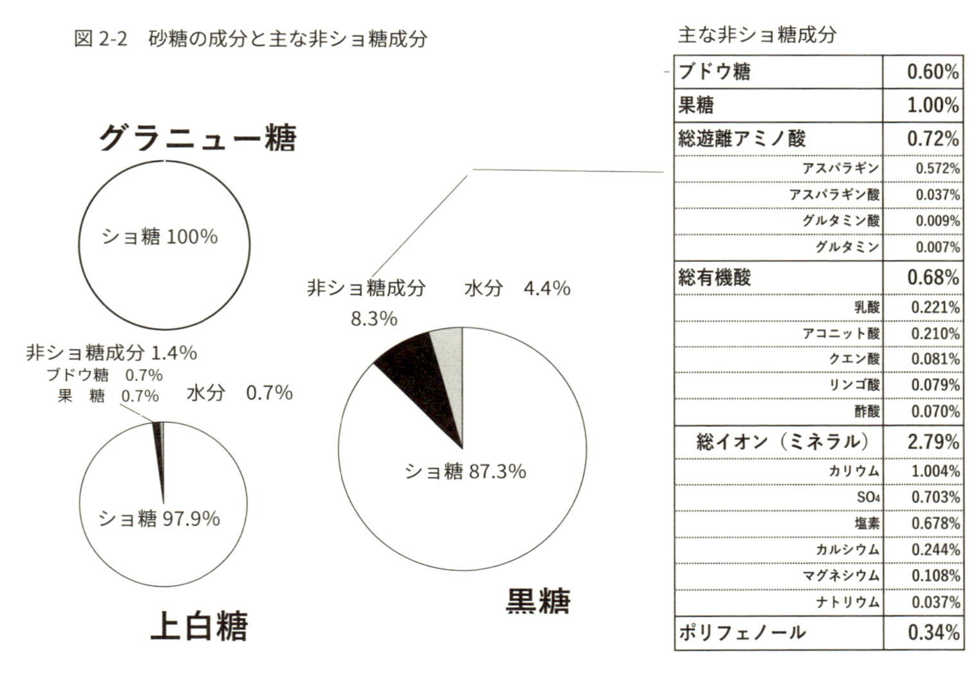

ブドウ糖	0.60%
果糖	1.00%
総遊離アミノ酸	0.72%
アスパラギン	0.572%
アスパラギン酸	0.037%
グルタミン酸	0.009%
グルタミン	0.007%
総有機酸	0.68%
乳酸	0.221%
アコニット酸	0.210%
クエン酸	0.081%
リンゴ酸	0.079%
酢酸	0.070%
総イオン（ミネラル）	2.79%
カリウム	1.004%
SO_4	0.703%
塩素	0.678%
カルシウム	0.244%
マグネシウム	0.108%
ナトリウム	0.037%
ポリフェノール	0.34%

ショ糖、ブドウ糖、果糖は８訂食品成分表より
その他の成分は、『黒糖製造期間中におけるサトウキビ搾汁液の成分変動と黒糖品質の関係』日本食品保蔵学会誌　vol.45-3 (2019) より引用

す。これらの成分を「非ショ糖成分」と呼びます。

この非ショ糖成分が、本章で述べる黒糖独特の味や、第３章で述べる黒糖の機能性の源です。非ショ糖成分は、ブドウ糖と果糖といった糖類以外では、「アミノ酸」「ミネラル」「有機酸」「ポリフェノール」などがあげられます。

黒糖の味に関しては、苦味は「ミネラル」「ポリフェノール」、酸味は「有機酸」、旨味は「アミノ酸」、塩味は「ミネラル」が関与していると考えます。また量が微量なので図 2-2 には示していませんが、黒糖に独特の香りをもたらす様々な香気成分であるフェノール類、ソトロンやフラネオールなど、黒糖の香りだけでなく色の成分といわれている各種ピラジン類なども非ショ糖成分です。

黒糖と白糖の製法の違い

黒糖と白糖の成分がこれだけ違う理由は製法です。図 2-3 に黒糖と白糖の製法を簡単に示しました。黒糖はサトウキビの搾り汁を分離せずにすべて濃縮して作ったものです。従って、サトウキビの搾り汁に入っている成分は、ほとんどが黒糖になります。

我が国における正式な黒糖の定義は、食品表示基準 Q&A（加工－９）に、「黒糖又は黒砂糖とは、サトウキビの搾り汁に中和、沈殿等による不純物の除去 を行い、煮沸による濃縮を行った後、糖みつ分の分離等の加工を行わずに、冷却 して製造した砂糖で、固形又は粉末状のもの」と、記載されています。

一方、白糖を作る場合は、「分離」という工程を繰り返して、サトウキビの搾り汁の中の一部の成分を取り除いて最終的に白糖を作ります。図 2-2 に示した通り、白糖はほぼ純粋なショ糖です。「分離」工程で取り除かれたものを糖蜜と呼んでいますが、この糖蜜の成分が「非ショ糖成分」です。

白糖の製法について少し補足すると、「分離」の工程は、２つに大きくわかれます。サトウキビの生産地の工場（図 2-3 の上）では、濃縮したサトウキビの絞り汁を分離して、粗糖と糖蜜に分けます。この粗糖を、消費地に近い工場（図 2-3 の下）に運んで、さらに何回も分離工程を繰り返し真っ白で純粋なショ糖に

図 2-3　黒糖と白糖の製法の違い（イメージ図）

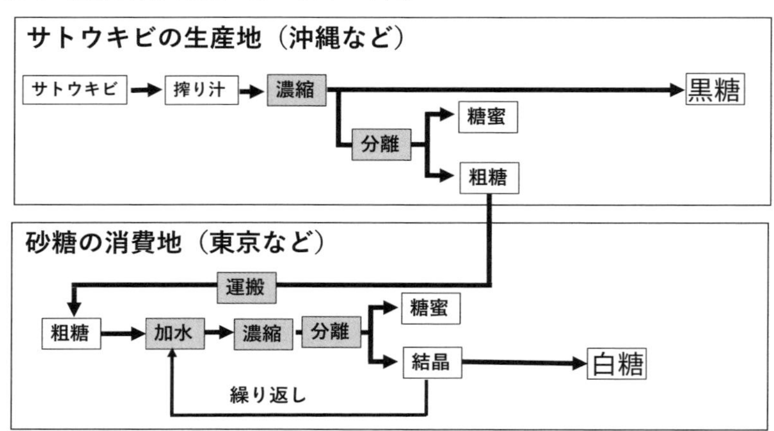

近い白糖を作ります。

黒糖のようにサトウキビの搾り汁をほぼそのまま濃縮して得られる砂糖を含蜜糖、グラニュー糖や上白糖のように、ショ糖の結晶を分離して作る砂糖を分蜜糖と呼びます。

黒糖以外の色のついた砂糖

小売店などでは、白糖と黒糖以外に、黒糖ほど黒くはない、または黒いのに黒糖表示されていない色のついた様々な砂糖が販売されています。写真2-1に代表的な商品写真を、表2-1に各商品の表示内容とカリウム含量を示します。これらの商品は、大きく分けて「加工黒糖」「茶色い砂糖」「三温糖」に分類されます。「加工黒糖」、「三温糖」は正式な名称ですが、「茶色い砂糖」は正式な名称がないので、便宜上本書はこの名前で呼びます。

「加工黒糖」は、「黒糖に、粗糖等を加えて加工したもの」[*1]で「黒糖が製品重量の5%以上含まれている必要[*2]」があります。加工黒糖には、糖蜜が配合されていることもあり、一定量の「非ショ糖成分」を含みます。表2-1には、非ショ糖成分の代表例としてカリウムの含有量を示しました[*3]。著者による分析では加工黒糖にも、黒糖（1004mg）よりは少ないものの一定量（347mg~428mg）のカリウムが含まれていることがわかりました。加工黒糖には、粉状の調味料タイプのものと、粒状のお菓子タイプのものがあります。

「茶色い砂糖」は、精製度の低い砂糖のことです。簡単に言うと製造途中の糖液を最後まで精製せずにそのまま煮詰めて結晶化して製品化したものです。精製度が低いので「非ショ糖成分」も一定量含まれています。一方、「三温糖」は、グラニュー糖を分離した糖液を再結晶させて作られます。非ショ糖成分も含まれますがその量はわずかです。

*1: 食品表示基準Q&A　加工―9
*2: 加工黒糖等の表示に関するガイドライン　　日本黒砂糖協会及び日本製糖協会
*3: 非ショ糖成分の分析値の代表として、本書では含有量の多いカリウムを選びました。カリウム含有量が、ほかの非ショ糖成分量と、すべて相関しているわけではありません。

以上からわかるように、非ショ糖成分による味や健康機能などの様々な機能は、一般的に、「黒糖」「加工黒糖」「茶色い砂糖」「三温糖」の順で多くなって

写真 2-1　様々な色のついた砂糖

黒砂糖（大東製糖）

焚黒糖（上野砂糖）

くろくろとう（琉球黒糖）

ミント黒糖（琉球黒糖）

素焚糖（大東製糖）

きび砂糖
（ウェルネオシュガー）

カソナード（Beghin Say）

表 2-1　黒糖以外の色のついた砂糖（商品例）

本書における分類名	表示内容				カリウム含量（mg/100g）
	名称	商品名	製造者 販売者/製造所	原材料名	
黒糖[*3]	黒糖			さとうきび	1,004[*3]
加工黒糖	加工黒糖	黒砂糖	大東製糖	原料糖（さとうきび（沖縄産））、黒糖（さとうきび（沖縄産））、糖蜜（さとうきび（沖縄産））	428[*1]
		焚黒糖	上野砂糖	原料糖、黒糖（沖縄産黒糖５０％）	395[*1]
		くろくろとう	琉球黒糖	粗糖（沖縄県製造）、黒糖（沖縄県製造）、水飴、糖蜜	413[*2]
		ミントこくとう	琉球黒糖	粗糖（沖縄県製造）、黒糖（沖縄県製造）、水飴、糖蜜／香料	347[*2]
茶色い砂糖	砂糖	素焚糖	大東製糖	原料糖（奄美諸島産さとうきび100%）	212[*1]
		きび砂糖	ウェルネオシュガー/ ウェルネオシュガー、 東日本製糖	原料糖（豪州製造又は国内製造又はその他）	93[*2]
		カソナード	アルカン/ Beghin Say	サトウキビ糖	124[*2]
三温糖	三温糖	三温糖		原料糖	13[*4]

＊1　商品パッケージに表示されている成分分析値
＊2　著者による分析値；（株）食環境衛生研究所（2024年7月10日）
＊3　代表的な表示、カリウム分析値は図表２－2の数字を使用
＊4　日本食品標準成分表（八訂）2023増補

いると考えられます。なお砂糖はさらに詳細に分類されていますので、興味のある方は参考文献をご参照ください。

加工黒糖や茶色い砂糖には、非ショ糖成分が、黒糖ほど多くないものの一定量含まれています。本章で述べる黒糖のおいしさの価値や、次章で述べる機能性の価値の源は非ショ糖成分なので、加工黒糖や茶色い砂糖も、非ショ糖成分の含有量に応じた価値があると言っていい場合もあります。

3. 世界の砂糖・黒糖利用の歴史と現在の利用法

第１章で砂糖の歴史を概説しましたが、本節では世界で砂糖、黒糖がどのように使われてきたか、今使われているかを、「利用の歴史」という視点でお伝えします。本章の目的は、黒糖の様々な利用法を知り、新しい使い方へのアイデアを探ることです。歴史の中から、黒糖の使い方のアイデアを探してみてください。本節から第５節までは、第１章と重複する部分もありますが、ご容赦ください。

第１章で詳しく述べた通り、インドで生まれた砂糖は、白くする技術革新を主にイスラーム世界で加えられたのち、ヨーロッパ人によって16世紀以降、世界中に広がりました。この流れを第１章では「西周り」と呼んでいます。一方「東周り」で伝わった砂糖は、中国を経て最終的に「黒糖」という形で1624年に琉球に伝わりました。

図2-4に分蜜糖（白糖）と含蜜糖（黒糖）に関する現在の生産国の分布を示しました。含蜜糖に関しては生産国名も明記しています。この図を見てもわかるように、甜菜糖を含めると、分蜜糖はほぼ世界中で生産されているのに、含蜜糖生産は南アジア、東アジア、アフリカの一部、中南米に分布が限られています。これは東周りで伝わった黒糖の文化が、今でもインド、中国、日本に根付いている結果ではないかと考えます。興味深いのは、アフリカの中でも、インド文化の影響が強いと言われる、ケニア、タンザニアで黒糖が生産されていること、また、南米にも強い黒糖文化が見られます。この理由は、十分調査ができていませんが、価格だけでなく、嗜好的なものや、黒糖がこれらの国の

図 2-4　分蜜糖（主に白糖）と含蜜糖（主に黒糖）の生産国

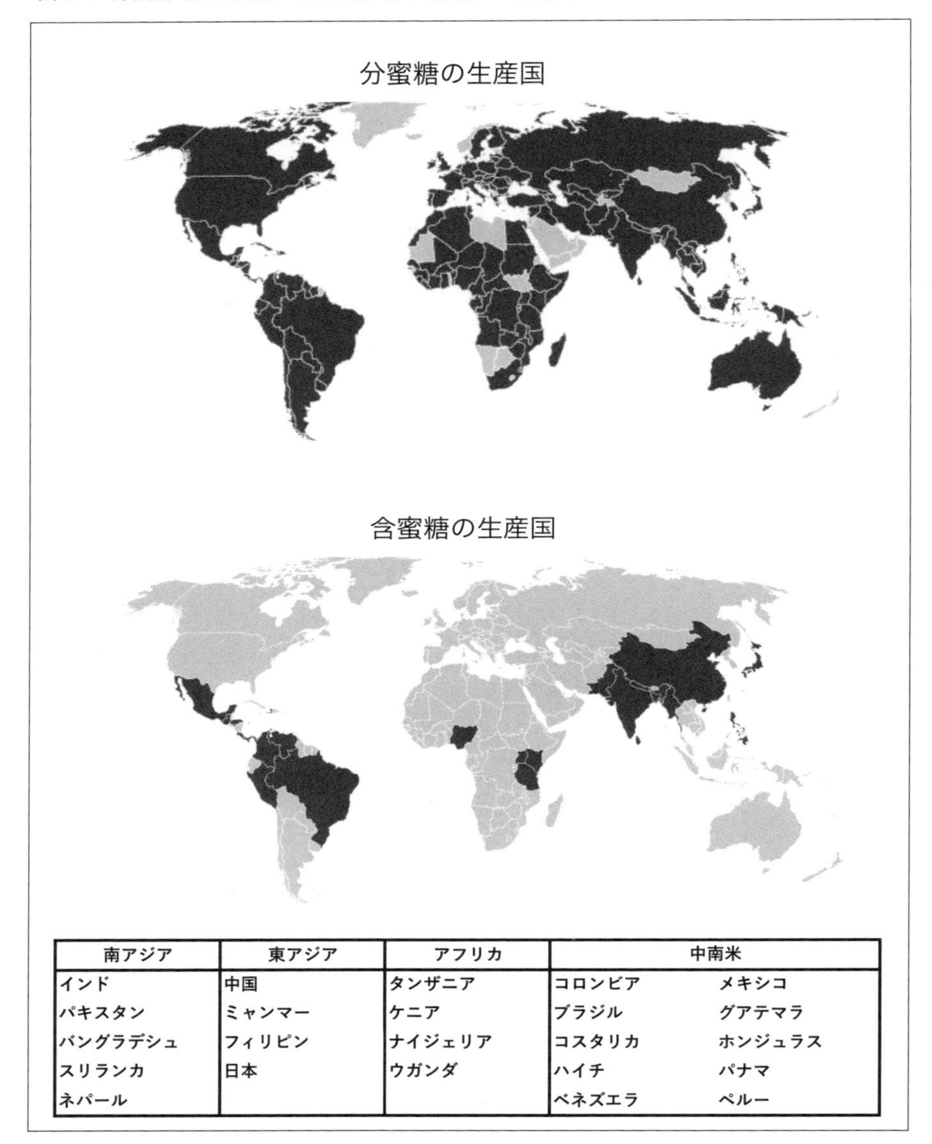

南アジア	東アジア	アフリカ	中南米	
インド	中国	タンザニア	コロンビア	メキシコ
パキスタン	ミャンマー	ケニア	ブラジル	グアテマラ
バングラデシュ	フィリピン	ナイジェリア	コスタリカ	ホンジュラス
スリランカ	日本	ウガンダ	ハイチ	パナマ
ネパール			ベネズエラ	ペルー

出典：W.R.Jaffe『Non centrifugal sugar-World profuction and trade(2015)，www. Panelamonitor. org』をもとに著者作図

料理・菓子に合う甘味料であることが理由なのかもしれません。
一方、西周りで砂糖が伝わったアラブ以西の国では、ヨーロッパはもちろんのこと、北アメリカ、オーストラリアを含めて黒糖は生産されていません。本節では、このような東西の違いを踏まえて、世界の各地域での砂糖の使い方の歴史と、現在の使い方を紹介します。

ヨーロッパの甘味と砂糖文化の歴史

古代ギリシャに続き古代ローマが興隆した時代のヨーロッパの甘味原料は、蜂蜜やフルーツが中心でした。ギリシャ神話の神々も愛したとされる蜂蜜は高価だったため、古代ローマでは完熟したブドウ果汁を煮詰めて作ったシロップが庶民の甘味料として使われていたそうです。
中世期になると、イスラーム世界ですでにその製法が確立されていた白い砂糖が、地中海貿易によりヨーロッパに広がります。しかし、それは薬であり、王侯貴族の贅沢品でした。ルネサンス期のスペインのナヴァール王国の王妃マルグリットの著作『エプタメロン』には、「1515 年ごろ貴族への贅沢なごちそうの代金を、小指ほどの大きさの砂糖で支払った」という叙述があり、砂糖が通貨として使われたことがうかがわれます。また、貴重な砂糖を使ったお菓子は王侯貴族の外交手段としても用いられたそうです。
第１章で述べたように、ヨーロッパで砂糖が食品として一般化したのは、中南米からの輸入が増えた 17~18 世紀です。この時期に、カカオ、コーヒー、紅茶といった今では欧米を代表する食文化が、新しい飲み物として中南米やアジアから導入されます。これらはどれも苦味や渋味があったため、砂糖を入れて甘くすることで、魅力的な嗜好品として宮廷で広まり、時代が下るに従って庶民へと広がっていきました。

【ヨーロッパの飲み物の歴史　少し詳しく】

カカオは、最初に飲み物としてアメリカ大陸から入ってきました。これに砂糖を加えて飲みやすくしたのは 16 世紀のスペイン人です。一方コーヒーはトルコからヨーロッパに入ってきました。玉村豊男氏監訳『世界食物百科』には 17 世紀後半、オスマン帝国（今のトルコを中心とする国）の高官がコーヒーをフランス宮廷に売り込んだ話がのっています。この時期からトルコでは既に砂糖とコーヒーを一緒に飲んでいたようですが、ヨーロッパでも砂糖が手に入りやすくなったことで18世紀以降ヨーロッパではコーヒーが大衆化していきます。イギリスでも最初はコーヒーが主流でしたが、ある時期から紅茶が飲み物の主流に切り替わりました。その場合も砂糖を入れて飲むという、オリジナルの中国とは違った飲み方が広がったのです。このように、ヨーロッパでの砂糖消費は、まず飲み物で大きく広がったと言えるでしょう。今でも、欧米ではコーヒーや紅茶に砂糖を入れて飲む人が日本より多いようです。

続いて、飲み物と並んで砂糖が多く使われる、お菓子についてです。中世のお菓子は教会の祝祭のときに作られる特別なものでしたが、この時期のお菓子には砂糖ではなく蜂蜜が多く使われています。吉田菊次郎氏『洋菓子の世界史』によれば、ヨーロッパで最初に砂糖が使われたのは16世紀のスペインで、「卵、砂糖、小麦粉を合わせて焼いた、ふっくらとしたビスコッチョ」いわゆるカステラ、スポンジ生地だったそうです。17世紀に入り、タルトやマカロン、カスタードクリームなど今に伝えられる洋菓子が次々と誕生します。使われた砂糖はおそらくその他の素材の風味を損なわない白糖です。現在でも洋菓子に黒糖を使うレシピがほとんど見られないことからも、ヨーロッパのお菓子文化が白糖と共に発展していったことが推察されます。

ちなみにカステラが長崎に伝わったのは16世紀にポルトガルから。スペインのビスコッチョが誕生してそれほど経たずに日本に伝わったのですね。そして、砂糖を使ったお菓子は日本で独自の発展を遂げますが、これについては次節で述べます。

【ヨーロッパの茶色い砂糖　少し詳しく】

先述のように欧米では黒糖文化はほとんど見られませんが、英語圏のブラウンシュガー、表２－１に示したフランスの「カソナード」や、後述の「ヴェルジョワーズ」は、今でもポピュラーな「茶色い砂糖」です。また、糖蜜をイギリスでは「トリークル」、アメリカでは「モラセス」と呼び、お菓子などに使われています。欧米では、近年の健康志向や食の多様化に伴い、茶色い砂糖の需要が広がりつつあります。いつか欧米で黒糖が受け入れられる時代が来るかもしれません。「カソナード」はフランスの海外県であるグアドループ、マルティニーク、レユニオンなどで栽培されるさとうきび由来の茶色い砂糖です。クレームブリュレの表面をカラメル化させるための材料として使われます。また、北フランスには甜菜由来の茶色い砂糖「ヴェルジョワーズ」があり、それをフィリングとしてたっぷり使ったタルト・オ・シュクル（砂糖のタルト）が郷土菓子として有名です。さらに、スペインには中南米でポピュラーな「パネラ」が存在し、フランスには sucre complet、ドイツには Vollrohrzucker というほぼ黒糖と同じ未精製の砂糖があるそうです。

またイギリスの糖蜜「トリークル」は、色の濃いものから薄いものまでバラエティがあり、「トリークル」を使ったゴールデンシロップは、イギリスを代表する食材です。トリークルタルトは、ハリーポッターの好物とのこと。

このように、ヨーロッパでも色のついた砂糖の風味を楽しむ文化は、実は根強くあるようです。黒糖のレシピづくりで参考にしたいものです。

レシピ例：タルト・オ・シュクル
材料　練りこみパイ生地のタルト（直径 22cm）　卵１個　ヴェルジョワーズ 80g
生クリーム 大さじ２
・ボウルに卵を割り入れヴェルジョワーズを加え泡だて器でよく混ぜる
・そこに生クリームを加えて混ぜる
・タルトに流し入れ、200 度のオーブンで 15 分焼く

レシピ出典 山本ゆりこ『フランス伝統菓子図鑑』

アジア・中南米の黒糖

図 2-4 で示したように、含蜜糖（黒糖）は、インド、中国、中南米で食べられています。残念ながらそれぞれの食文化について十分な情報を集めることはできませんでした。今後、何らかの形で情報を集め、発信する場を作っていきたいと思います。ここでは一部ですが、インド、中国、コロンビアの情報をお伝えします。

〈インド〉

インドでの含蜜糖（黒糖）は、ジャガリーと呼ばれており、370 万トンという膨大な量が生産されています。ジャガリーは一般には 1kg 程度のブロッ

クで販売され、すりおろして使います。日本ではパウダーのものも手に入ります。インドでは様々な料理（カレー）に調味料として使われるほか、飲料、レシピ例に示すような粉を使ったスナックフードやデザートにも使われます。

レシピ例：ラドゥー（写真 2-2）
ペサン（ひよこ豆の粉）100g　ギー（無塩バターで代用可）60g　ジャガリー 60g
カシューナッツ 30g
カルダモンパウダー 小さじ 1/4　塩
・フライパンにペサンと溶かした無塩バターを入れ、弱火で全体にきつね色になるまで炒める
・ジャガリー、粗く刻んだカシューナッツ、塩、カルダモンパウダーを入れる
・力を入れて食べやすい大きさに丸める

写真 2-2

ラドゥー

〈中国〉

中国は 44 万トンと日本の約 50 倍の黒糖生産量があり、中国名は「紅糖」という名前で呼ばれています。紅糖は中国では飲料として主に飲まれているようで、スーパーでは砂糖売り場でなく飲料の売り場で販売されていることが多いです。中国の方数名に、中国の黒糖のイメージを聞いたのですが、ほぼ全員が、「女性の生理の時に血の巡りをよくする飲み物。温めて生姜と一緒に飲むことが多い」とコメントしていました。上海の浦東空港のラウンジのフリードリンクには、「山査子ドリンク」と「紅糖生姜ドリンク」が、ホットのドリンクマシンで並んでいました（写真 2-3）。紅糖はかなりポピュラーな飲み物のようです。

写真 2-3

上海浦東空港ラウンジ
紅糖生姜茶

レシピ例：紅糖生姜ドリンク
スライス生姜 8 枚　黒糖 30g
水 300ml
・スライス生姜はみじん切りにする。
・水に黒糖とみじん切りにした生姜を入れて　10 分ほど煮る
・生姜を漉す

〈コロンビア〉

中南米の多くの国で含蜜糖（黒糖）は生産されていますが、特にコロンビアでの生産量が多いです。コロンビアの含蜜糖（黒糖）はパネラと呼ばれています。スペインでも黒糖のことをパネラと呼んでいますので、同じスペイン語圏で関係があると思いますが、十分調査できていません。

コロンビアでは、2019 年に、分蜜糖（白糖）238 万トン、パネラ 130 万トンが生産されています。分蜜糖は大規模な製糖工場で生産されているのに対して、パネラは比較的小規模の工場で生産されています。パネラは基本的に国内で消費されます。小売り用は一般的に 2kg 程度のブロックで、家庭内でドリンク（アクアパネラ）や調理用として消費されているようです。

レシピ例：アクアパネラ　（写真 2-4）
水 300g　パネラ 60g　レモンまたはライム汁 20cc レモンスライス ・水にパネラを入れて煮立たせる ・レモン汁をいれる ・ホットでもアイスでも （かなり甘いので、パネラの量は調整してもよい。 シナモンパウダーを入れてもよい）

写真 2-4

アクアパネラ

４. 日本（内地）の砂糖・黒糖利用の歴史と現在の利用法

繰り返しになりますが、本章の目的は「黒糖の様々な利用法を知り、新しい使い方へのアイデアを探ること」です。前節では、海外の黒糖の使い方を紹介しましたが、日本ではどのように使われてきたのでしょうか？

第１章で示した通り、日本で砂糖が市場に出回り始めたのは江戸中期の元禄時代（1688 ～ 1704）ごろと思われます。その後紆余曲折はあったものの 1980 年くらいまで一貫して生産消費量は伸びてきました。その多くは、白糖ですが、黒糖も着実に伸びています。現在の黒糖の生産量は約８千トンですが、江戸時代末期には現在の量を上回る１万３千トン、第２次世界大戦直前の1940年には6万7千トン、戦後でも1960年には4万5千トンの黒糖が生産されています。もちろんこの量よりはるかに多くの量の白糖が生産消費されてきていたのは確かです。しかし、食文化の歴史の中で黒糖の出現がほとんど見られないヨーロッパと比較すると、日本ではずっと一定の量の黒糖が、それも現在をかなり上回る量の黒糖が生産消費されてきた点、注目する必要があると思います。「日本の食文化の中で、黒糖はなぜ存在し続けてこれたのか。何が黒糖の魅力だったのか」、ここを改めて振り返ってみます。その中に今後の黒糖の使い方のヒントがあるかもしれません。

甘味素材利用の歴史①　奈良時代ー室町時代まで

日本の甘味素材として砂糖が書物に出てくるのは、奈良時代「唐招提寺を作った鑑真の荷物に砂糖があった」という記録が最初のようです。その後、平安時代の貴族が砂糖を贈答用に送ったとの記録もあります。これらは中国由来の大変な貴重品として扱われたことでしょう。

一方、甘葛（あまづら）という、ツタの樹液を煮詰めて作る甘味素材の記述が、延喜式（えんぎしき）（927年）や枕草子（1001年ごろ）に見られます。甘葛は鎌倉期まで最もよく知られた甘味素材のようです。とはいえ、厳冬期にツタの「つる」から出た汁を煮詰めて作るので大変手間のかかる貴重品でした。甘味素材としてはほかに蜂蜜、水飴などが用いられたようです。いずれにしても、この時代までの甘味素材は、貴族など身分の高い人が特別な時に大事に食べるものだったと思われます。

平安期から鎌倉期にかけて、砂糖もごく少量、主に中国方面から入ってきたようです。これらは主に進物、酒肴、苦い薬の中和剤に使われました。お菓子に砂糖が使われることはほとんどなかったようです。室町後期になると、中国からの砂糖も少し増えて、進物として砂糖が使われるという記録も増えています。ごくわずかですが、お菓子への使用の記述も見られるようになります。ただしこれらの輸入された砂糖が白砂糖だったのか黒砂糖だったのか明確な記述のある資料は見つけられませんでした。ただ、その後の経過を考えると、筆者は、おそらく両方輸入されていたと考えます。

【砂糖前夜の日本のお菓子　少し詳しく】

日本のお菓子の歴史は青木直己氏『図説 和菓子の歴史』に詳しく記載されています。歴史書に「お菓子」の記述が最初に現れるのは、やはり平安時代の「延喜式」のようです。ここには、クリやヤマモモ、ハシバミのような木の実や橘や梨のような果物が、お菓子として記載されています。さらに「餅」については奈良時代、米粉や小麦粉を練って油で揚げた「唐菓子」は平安時代の書物に記載があるようです。唐菓子は先に述べた甘葛(あまづら)で味をつけたものもあります。

鎌倉時代になると、禅宗とともに様々な文化が伝わります。喫茶と点心もこの時に伝わりました。歴史書には点心として羊羹や饅頭の名前が見られます。これらは、食事として食べられ、今の羊羹や饅頭のように砂糖が入ったものではなかったようです。

室町時代に入ると羊羹や饅頭に砂糖が使われた記録が見られるようになります。『點心喰様』という書物に、「煮て皮を取った小豆と葛粉を３対１の割合で混ぜ砂糖を加え練り、蒸籠において蒸し上げる」という記述があるそうです。また饅頭については、室町時代の絵画『七十一番職人歌合』に、「砂糖饅頭」という記述があることから、やはり室町時代に、現在の和菓子に近いものが現れたと考えられます。小豆餡も現在に近いものが完成したのは室町時代と言われています。この時代の砂糖はおそらく中国からの輸入品で、決して量が多いわけではないので、砂糖を使ったお菓子は貴重なものだったと思われます。

甘味素材利用の歴史②　戦国時代－江戸

戦国時代の16世紀後半は、日本の甘味素材とお菓子の歴史の中での大きな転換点です。この時代に、いわゆる南蛮人が日本にヨーロッパの文化を伝えましたが、この時期は、ヨーロッパ人の世界進出により砂糖生産が全世界に広がったのと同じタイミングです。その後鎖国した江戸期に入ってからは長崎経由で砂糖が入ってきます。琉球で黒糖の生産が始まったのもこの時期です。このように砂糖が商品として社会全体で使われるようになったのは、日本もヨーロッパもほぼ同じ時期というのは興味深いことです。

まず戦国時代、南蛮貿易によりそれまで貴重品だった砂糖をたっぷり使った、カステラや金平糖、有平糖（いわゆるキャンディー）がレシピとともに入っ

表 2-2　江戸時代の砂糖生産・輸入の推移

数字はすべてトン

	白糖		黒糖			出典
	長崎出島	内地産	長崎出島	琉球産	奄美産	
1590			12			3
1600年代			60			3
1647				522		2
1646	153		17			3
1666	320		226			3
1693				1,998		2
1733	654					3
1766	1,063		15			3
1787	569		39			3
1832	356	2,520			2,640	4
1839				2,100	4,200	1
1843		6,738				4
1868					4,920	1
1874		7,626			8,538	4
1877				5,760		1

1　名嘉正八郎『沖縄・奄美の文献から見た黒砂糖の歴史』
2　源武雄『琉球歴史夜話』
3　落合功『近世における砂糖貿易の展開と砂糖国産化』
4　鬼頭宏『日本における甘味社会の成立』

てきます。これらのレシピが和菓子にも影響を与え、現在の和菓子の基礎は江戸時代に完成したと言われます。和菓子は乳製品を使いませんが、卵を使うのは、カステラのレシピの影響とも言われています。

さて本題の黒糖です。この時代輸入された砂糖は白糖と黒糖の両方あります。1603 年に刊行された日本語とポルトガル語の辞書『日葡辞書』には、「砂糖羊羹＝豆と砂糖で作る甘い板菓子の一種」。「羊羹＝豆に粗糖（黒糖）を混ぜてこねたもので作った食物」という記述があり、白砂糖と黒糖が使い分けられていたことがわかります。

表 2-2 は各種の資料に記載されている、江戸期の砂糖輸入・生産の記録をまとめたものです。この時期日本で使われる砂糖は、「長崎出島経由で日本に

入ってきた砂糖（白糖、黒糖）」と、「琉球、奄美で生産された砂糖（黒糖）」、「内地で生産された砂糖（白糖）」です。

江戸初期は「長崎出島からの白糖・黒糖」及び「琉球からの黒糖」が中心でした。

この時期、長崎では輸入された砂糖を使った、カステラ、ボウロ、コンペイトウなど南蛮菓子の文化が栄えました。長崎で輸入された砂糖は、海路で大坂、江戸に運ばれましたが、菓子文化は、長崎から小倉につながる長崎街道を伝わって広まったようです。街道沿いの町には江戸期から伝わる菓子文化が今でも残っていると言われ、長崎街道を別名シュガーロードと呼ぶこともあります。

一方、琉球、奄美からの黒糖は薩摩藩を経由して大坂、江戸に運ばれました。こちらも物流としては海運で運ばれのですが、文化としては、鹿児島に黒糖文化が残っています。鹿児島の黒糖のお菓子で言えば「げたんば」「ふくれ菓子」（写真 2-5）が有名です。また「がね」という砂糖入りのかき揚げがあり、醤油の味が甘いことも含めて、鹿児島は日本の中でも有数の砂糖文化が濃い地域です。

また「黒棒」（写真 2-5）という黒糖をたっぷり使ったお菓子は、熊本、八女、久留米などに老舗メーカーが点在しています。熊本には、「黒糖ドーナツ棒」（写真 2-5）という銘菓があります。いずれも、黒糖の風味がじんわりおいしい癖になるおいしさのお菓子です。長崎街道が白い砂糖のシュガーロード「白い道」なら、鹿児島から、熊本、久留米、福岡に至る国道３号線は、黒糖のシュガーロード「黒い道」ではないか、という想像も広がります。

写真 2-5

げたんば（鹿児島）

ふくれ菓子（鹿児島）

黒棒（久留米ほか）

黒糖ドーナツ棒（熊本）

さて、江戸時代、砂糖消費が大きく拡大しました。ヨーロッパの砂糖利用は、飲料とお菓子が2大分野でしたが、日本ではお菓子への利用が中心でした。お菓子文化の中心は、京都と江戸です。京都では、宮中や貴族に納める菓子が発達しました。手間のかかった上菓子です。一方、郊外の清水寺、北野天満宮などの周りには門前の茶店で餅菓子や団子などが生まれました。京都ではこれらが一体になり、17世紀後半の元禄期ごろに和菓子は完成していきます。京都で発達した和菓子の文化は速やかに江戸に伝わります。江戸では庶民の和菓子文化も花開きました。

ここで使われた砂糖は何だったのでしょうか？　表2-2によれば、江戸時代を通じて、市場に白糖と黒糖はほぼ同じ比率で存在したと読み取れます。この砂糖はどのように使い分けられていたかについて、青木直己氏は『図説 和菓子の歴史』の中で解析しています。「上菓子」というカテゴリーがあります。現在は、ねり切りなど手の込んだ美しい菓子を指します。この言葉は江戸時代でも「上等な菓子」という意味だったようです。1775年京都で、上菓子仲間という株仲間が結成されました。幕府は上菓子仲間に、白砂糖の独占使用権を与えたということです。ここから想像されることは、「上等な菓子には白砂糖を使ったということ」、そして「庶民向けのお菓子には黒砂糖を使った」ということです。

具体的に、何に白糖が使われ、何に黒糖が使われたのか、これ以上の資料を見つけることはできませんでしたが、生産消費量から見て、江戸期の菓子文化は、白糖、黒糖両方が同じくらいの量、使われつつ発展したものと思われます。

なお第1章で詳細に述べた通り、江戸後期になると、内地産の白糖、奄美産の黒糖の量が増加し、長崎出島からの輸入ものは減少してきます。

甘味素材利用の歴史③　明治―戦前

第1章で述べた通り、明治以降は、まず白糖が大量に輸入され、その後日本統治下の台湾で白糖が製造されます。菓子の世界では様々な西洋菓子が導入され、日本の菓子文化はバラエティ豊かなものになっていきます。この結果砂糖の消費量は飛躍的に伸びましたが、黒糖も大きく生産量を伸ばし、太平洋戦争前の1940年には6万7千トンと現在の8倍の生産量となりました。

黒糖を使った商品も続々と発売されます。かりんとうは、1875年（明治8年）、浅草仲見世の飯田屋が、当時白砂糖は高級で貴族や武家しか食べられず、庶民は黒糖を食べていたため、地粉を棒状にして油揚げし黒糖をつけた物を売り出して好評を博し、大衆の支持を得て下町一帯に広まったということです。黒飴は那智黒が1877年（明治10年）、栄太郎も明治中期に発売されました。前項で述べた、九州の黒棒メーカーも、ほとんどが明治～昭和初期の創業です。黒糖を利用する産業が大きく拡大したのが、この時期といえるでしょう。

これまで主に、菓子と砂糖のかかわりについてみてきましたが、料理への使い方はどうでしょうか？　欧米と異なり日本では煮物を中心に料理で砂糖を使います。山辺規子氏編『甘みの文化』に収載された中澤弥子氏「第３章 甘みをとりこんだ日本料理」によれば、みりんは、江戸時代末期、比較的上流階級で使われるようになりましたが、砂糖を料理に使った記述はほとんどないとのことです。一方、明治時代になると、料理書に砂糖を使う例が多くなり、明治26年発行の『素人料理年中惣菜の仕方』には、煮物22種のレシピのうち11種に砂糖の記載があるとのことです。

このように日本で砂糖が料理に使われるようになったのは明治以降のようです。これも、明治以降の砂糖の広がりの結果でしょう。煮物のような基本的な料理に、これまで使わなかった砂糖をわざわざ使用するというのは、「良いと思ったものはすぐに取り入れる」日本の食文化の受容性を物語っているようですね。

なお沖縄や鹿児島には黒糖を使った料理がありますが、上記から類推するとその食文化もおそらく明治以降に生まれたものと考えます。

黒糖利用商品の今

現在、黒糖がどのような用途で使用されているか、十分な統計データがないのですが、量的に多く使用されている用途としては、菓子（和菓子、かりんとう、黒飴、黒棒など）、パン（ロールパン、蒸しパンなど）、飲料（黒糖ラテなど）があげられます。

和菓子には、多くの商品に黒糖が使われています。羊羹、もなか、饅頭、ういろうなど。ただし、ほとんどが、メイン商品のバラエティであり、絶対に黒糖を使わなければならない商品は多くありません。すなわち黒糖は、和菓子の「バラエティ化のための素材」として、長年大変重宝されてきたと言えます。

尚、数少ない黒糖必須和菓子の1つが、利休饅頭です。これは茶色の色を出すために必ず黒糖を使います。別名「大島饅頭」とも呼ばれ、奄美黒糖がオリジナルであることがうかがわれます。

【和菓子への黒糖の使い方について　少し詳しく】

食品の商品開発の現場では、売れ筋商品ができた場合、味違いのバラエティ商品を展開して更なる拡大を図るのが定石です。例えば「きのこの山」の茶色いチョコレートを、ホワイトチョコ、イチゴチョコ、抹茶チョコなどに味展開する、といった方法です。この場合、バラエティの味は「元のお菓子の世界観を崩さない。新しいおいしさを生む。外観で区別できる」が条件です。

黒糖という素材は、和菓子のバラエティ展開のために必要な条件が整っています。和菓子は米粉や小麦粉が主原料なので色が白いので、黒い色で元の商品と区別できます。黒糖のロースト感やカラメル感のある独特の香りは、シンプルな和菓子の味に個性を付け新しいおいしさを生みます。しかし、もともとの米粉や小豆、抹茶や梅、柚子のような和の素材とすんなりマッチするので世界観は崩しません。このような黒糖の特徴が、和菓子のいわば「わき役」として長く日本の市場に根付き愛されてきた理由なのではないでしょうか。

近世以降のヨーロッパの菓子は、小麦などのでんぷん原料に乳製品、ナッツ、卵、オレンジやベリー類のような果物など、いずれも味・香りの強い素材の組み合わせで、様々な味のバラエティを作って発展しました。ここに黒糖のような素材が加わってもあまりその特徴を発揮することができないかもしれません。一方、日本にはヨーロッパと比べて強い味・香りの素材が少なく、米、小麦、小豆の組み合わせでほのかな味・香りの違いと、食感の違いを楽しむ和菓子が発達しました。そのため黒糖の香りが和菓子のバラエティを作るうえで重要な役割を果たしたのではないかと考えます。

ところで日本にはパンにも黒糖を使った商品があります。ロールパン、ちぎりパン、蒸しパン、コッペパンなど、日常使いにちょっと変化をつけたいときのパンです。この用途も、和菓子と同じような「素材の邪魔をせずにバラエティを付けられる」黒糖の特徴を生かした商品群と考えます。

これに対して、「かりんとう」「黒飴」「黒棒」は、基本的には黒糖でなければ成立しません。いずれも、粉、油、水飴といったシンプルな素材をベースに、黒糖の風味を前面に押し出した商品です。様々な黒糖商品の中でも、この３品は、黒糖そのものの風味を楽しむための商品ともいえるでしょう。

比較的最近の黒糖の使い方は飲料です。カフェメニューの黒糖ラテはもはや準定番とも言ってよい商品です。通常のカフェラテよりも濃厚でより満足感があるため、「カフェラテのプレミアム版」の位置づけとして定着しつつあるようです。また、昨今の台湾ブームで、タピオカドリンクをはじめ様々なドリンクに、黒糖味のものが増えています。第２節で、コロンビアや中国では、黒糖は飲料として使われているという点に触れましたが、日本でも同様に黒糖を飲料に使う文化が静かに広まりつつあります。海外の黒糖飲料の市場の大きさを考えると、日本の黒糖飲料の伸びしろは、まだまだ大きいと考えます。

5. 沖縄の砂糖・黒糖利用の歴史と現在の利用法

さて、また繰り返しになりますが、本章の目的は「黒糖の様々な利用法を知り、新しい使い方へのアイデアを探ること」です。つまり、読者の皆様にアイデアを探っていただき、黒糖を使った新しい商品開発をしていただき、その商品が売れることで、黒糖の消費が伸びることを期待しているのです。本書がボーダーインク社から発売している以上、ここでいう「読者の皆様」は、沖縄の方が多いでしょう。また、黒糖に興味を持っている、内地の方もいらっしゃると思います。

本節では、沖縄における黒糖の使い方を説明します。内地の読者の方には、冒頭の目的通り、沖縄での様々な使い方を見て、アイデアを探っていただきたいです。沖縄の方には、改めて黒糖の素材としての魅力を見直していただき、もっとたくさん黒糖を使った料理を作って食べていただければ幸いです。

沖縄の黒糖「利用」の歴史はいつ生まれたか

沖縄には独自の食文化があります。琉球王朝では中国の冊封使や薩摩の在番奉行を接待するための料理が生まれ、琉球宮廷料理が確立しました。いっぽう庶民は沖縄ならではの自然環境のもとで手に入る材料を用い、知恵を絞って独特の料理を創りだしました。この両面が今に伝わる沖縄料理の基本になっていると言われています。しかし不思議なことに、この沖縄食文化に黒糖の存在感はそれほど大きくありません。筆者も多くの沖縄食文化本を読んできましたが、豚肉、昆布、島豆腐、芋、島野菜などに比べると、黒糖の記述は多くありません。これは、第１章７節、８節で詳しく述べたように「黒糖は、長い間、食文化としてではなく、薩摩への貢糖すなわち換金作物としての位置づけだった」ことが原因と考えます。従って、沖縄の黒糖の食文化が本格的に始まったのは、1899 年の「沖縄県土地整理法」の施行により貢糖制度が廃止されたときとも考えられます。

昨年、2023 年は黒糖伝来 400 年で様々なイベントが行われましたが、この 400 年は黒糖生産の歴史でした。沖縄の黒糖消費という意味では、1899 年から始まり、太平洋戦争期を除くと実質的には約 100 年ではないかと考えます。前述の通り内地では江戸時代から黒糖消費文化があったわけで、沖縄の黒糖消費文化は実は内地よりも新しいという考え方もできます。

しかし、この 100 年の間に沖縄には、内地とは違う様々なすばらしい黒糖食文化が生まれてきました。沖縄にとっても、まだまだ新しい食文化ですので今後さらに発展させていかなければなりません。以下に、今の沖縄の黒糖消費の現状と食文化を紹介します。

沖縄で黒糖をどのように消費しているか　――消費者調査結果

現在の沖縄の黒糖の利用状況を調べるために、筆者は消費者調査（Web 調査、2024 年６月　沖縄、東京）を行いました。

まず沖縄在住の 16~99 歳の男女 2000 名に予備調査を行いました。この結果、月に１回以上何らかの形で黒糖を消費する人は、50.9% でした。（図 1-10）この、「月１回以上黒糖を消費する人」のうち 147 名に、黒糖の利用実態を聞きました（利用実態調査）。

同様の調査を、東京都で行った結果、「月に１回以上何らかの形で黒糖を消費する人」は、2000 名中 31.0％でした。この方 100 名に、沖縄同様の黒糖の利用実態調査を行いました。

なおこの調査では、黒糖と加工黒糖は区別せずに答えるよう設計しました。また、図 2-5、6 に示す調査結果は、利用実態調査結果を、予備調査結果で割り戻し、沖縄県民（東京都民）全体ベースに換算した数字を示す表記をしてあります。

まずは、沖縄県民に「普段黒糖をどのように食べているか」を聞いた結果を、図 2-5 に示します。

一番多かったのは、「一口サイズをそのまま食べる」でした。県民の 37.4％は何らかの形で一口サイズの黒糖（加工黒糖を含む）を食べているというのは、決して低くない数字です。一方、料理に使う人は 23.8%、黒糖の入ったお菓子を食べる人は 20% 程度、月に１回以上という観点から行くと決して多くないように見えます。

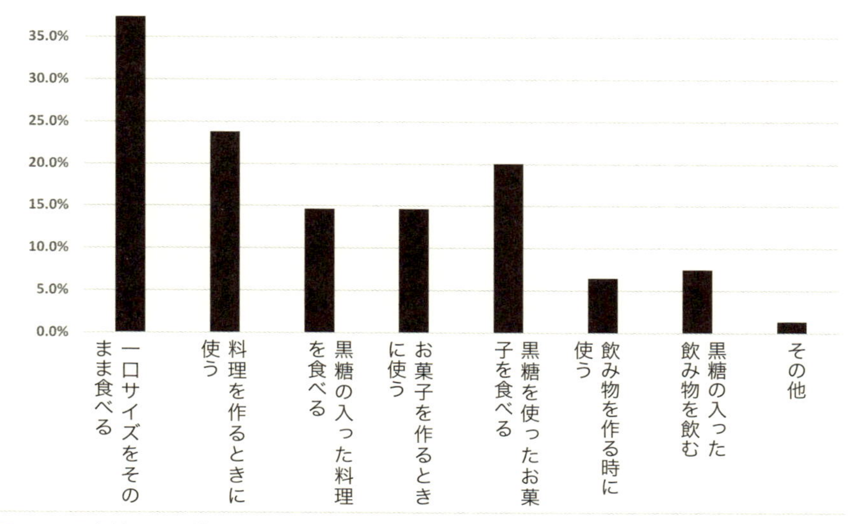

図 2-5　調査結果：黒糖の普段の食べ方を教えてください（複数回答）

（予備調査の結果を加味して、沖縄県民全体ベースに換算）
調査方法　Web 調査（アイブリッジ社の調査ツール Freesay 利用
2024 年６月　沖縄県民・黒糖を月１回食べる女性　147 名　対象

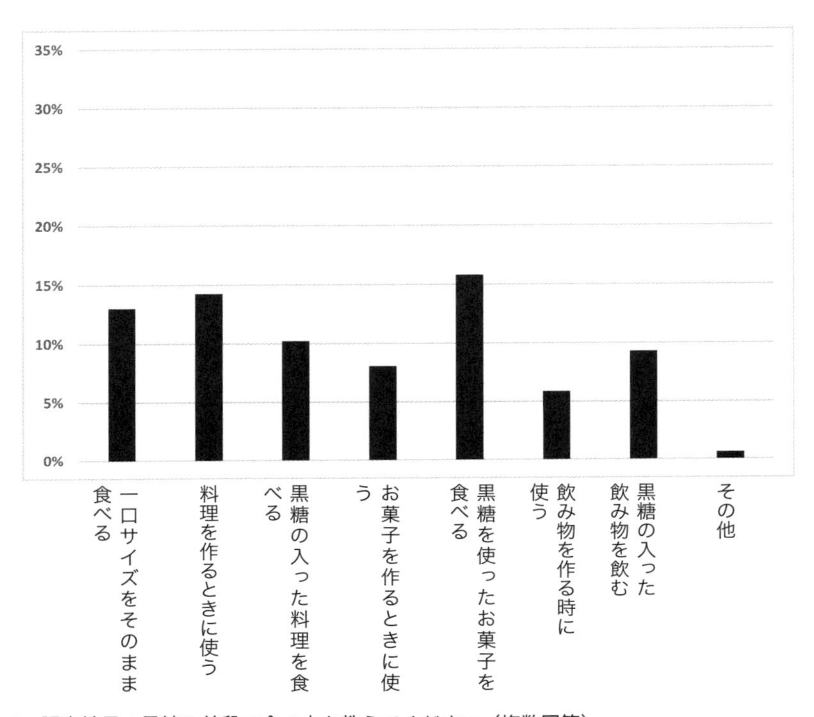

図 2-6　調査結果：黒糖の普段の食べ方を教えてください（複数回答）

（予備調査の結果を加味して、東京都民全体ベースに換算）
調査方法　Web 調査（アイブリッジ社の調査ツール Freesay 利用
2024 年 6 月　東京都民・黒糖を月 1 回食べる女性　100 名　対象

一方で、同様の調査を東京で実施しました（図 2-6）。東京では、月 1 回以上黒糖を消費する人は 31%。一口サイズでの使用はそれほど多くなく、「黒糖の入ったお菓子を食べる」「料理に使う」がやや多くなっています。

内地の人間なのに黒糖に入れこんでいる筆者からすると、沖縄の黒糖利用実態の数字は少し物足りない気がします。確かに沖縄では、内地に比べると間違いなく黒糖文化が根付いています。しかし全国的に黒糖の消費拡大を図るためには、まず沖縄の人が黒糖の価値をもっと感じて、黒糖文化を強くしていく必要があると感じます。

以下、沖縄での黒糖の使い方、食べ方について、「一口菓子」「お菓子の材料」

「料理の材料」「飲料の材料」に分けて、詳しく述べます。

一口サイズをそのまま食べる

写真 2-6 に示すような商品を、そのまま食べます。沖縄で一番多い食べ方です。写真 2-6 の左は、黒糖をそのまま砕いたもので粒黒糖、かち割り黒糖とも呼ばれます。写真 2-6 の右のように、一定の形に成型したものもあり、プレーンだけでなく、ミントや生姜で味付けをした加工黒糖も人気です。

写真 2-7 は、製糖期の西表島のスーパーの黒糖売り場の写真です。黒糖が段ボールで山積みされていますが、一口サイズ（粒黒糖）の売り場は、粉黒糖の売り場面積の２倍ぐらいあり、一口サイズの人気がうかがわれます。ちなみに、段ボール箱で売られているのは、ギフトとしての需要がかなりあることが理由だそうです。沖縄には製糖期、お世話になった方に黒糖を贈る習慣があるのですね。

黒糖を一口でそのまま食べる食べ方は、いちばん昔からの黒糖の食べ方と思われます。貢糖として厳しく管理されていた琉球王朝時代は、黒糖を口にできることはほとんどなかったかもしれません。しかし、煮詰めた鍋のふちにわずかに残った黒糖を食べた人がいたかもしれません。今でも、クラフト手作りの黒糖では「鍋ぶち黒糖」という名前の商品が見られます。

写真 2-6　一口タイプ黒糖

かち割り黒糖

成型タイプ黒糖

写真 2-7　西表島製糖期のスーパー店舗（玉盛スーパー）

黒糖が、沖縄県民のものとなった1899年以降も、黒糖は換金作物として大変貴重だったので、黒糖は特別な時にいただくハレの日の食品だったことでしょう。そのためか比較的最近まで、お客様への「おもてなし菓子」として、一口黒糖を出すことが、沖縄の当たり前の習慣だったようです。「おばあちゃんの家に行くと、一口黒糖がかならず出てくる」というコメントを、筆者の世代の人たちから何人も聞きました。一口黒糖は、ミークファヤーの定番でもあります。ミークファヤーとは、朝一番、熱いお茶と一緒に食べるお菓子のこと。黒糖には気持ちを上げる効果もあったようです。

それから、一口黒糖は何といっても、暑い沖縄でのミネラル補給に使われます。沖縄のゴルフ場のカートには、一口黒糖が常備されていることが多いそうです。西表島のさとうきび生産組合長の友利良太さんは、農作業をするときかならず一口黒糖を持っていくとのことです。

このように、一口黒糖は、少量でエネルギーやミネラルをチャージできる、暑い沖縄に最適な機能性菓子かもしれません。その最も典型的な場面が、戦時中です。「疎開する子供にたっぷり黒糖を持たせた」という話が、外間守善さんの『沖縄の食文化』に書かれています。沖縄料理のレジェンド山本彩香さんの『にちにいまし』にも、戦時中お母様が、「いざという時を考えて学校に行くカバンに黒糖を入れてくれた」話が書かれています。

戦争と黒糖のお話として、古波蔵保好さんの『料理沖縄物語』の「黒糖で起死回生」の全文を少々長くなりますが、沖縄黒糖に対する先人の想いへのオマージュ（敬意）を込めて掲載させていただきます。

黒糖で起死回生

古波蔵保好

その日、わたしの叔母は、三人の息子とともに、留守居していたそうである。沖縄の人たちにとって、終生忘れることのできない昭和十九年の十月十日、アメリカ機動艦隊による大規模な空襲があった日のことだ。

この叔母は、母の妹である。夫は那覇の泊という町でささやかな理髪店を営んでいて、男の子五人と娘一人を産んだのだが、夫と娘は沖縄守備軍に徴用されて作業にいき、長男も徴用されて九州へ、次男は勤めに出ていたという。

叔母の手もとにいるのは、まだ幼い子ばかりだった。アメリカ軍機の来襲を告げるサイレンは、ついに戦争が沖縄へおよんだことを知らせる合図だったことになるが、叔母は末の子をおんぶし、両手で二人の子をかばいながら、定められた防空壕へ走ったのである。

何に手間どったのか、アメリカ軍機が頭上に現れてから、防空壕に走りこんだ人がいて、空から見られたらしい。いきなり防空壕が爆弾の目標になった。さいわい叔母たちは手傷を受けなかったが、頭上の爆音が遠ざかったあと、外に出てみたら、すでに那覇全市は猛火に沈んでいたのである。

自分の家がどうなっているか、まだわからなかった。そこへ、守備軍のトラックがきて、民間人を国頭（くにがみ）へ避難させるから、すぐに乗れという命令である。北部の山へつれていかれるなら、家に貯えておいた米など、親子三人分の生命をつなぐ食べものをとってこなければ、と猶予を頼んだのだが、あちらには十分に食糧が確保されているので、何もかも捨てていっていい—と、せきたてられて、叔母たちはトラックに乗った。

三人の子を飢えさせないほどの食べものがホントにもらえるのだろうか、と不安になりつつも、強引な命令なので、しかたなく乗ったものの、国頭の人里に着いてから、果して叔母の苦難がはじまったのである。

おそらく那覇から送られてきたおびただしい避難民を迎える村にも、食糧はあまりなかったにちがいない。戦争は末期で、食糧の欠乏が深刻になっていた。

避難民がくることを予想しての貯蔵があったとは思えないのである。

したがって叔母たちに配給されたのは、一人に対して一日に一個ずつの小さいニギリメシだけだったという。腹がすかないわけはなく、三人の子は、アッという間に食べてしまうと、もっと欲しがる。叔母は自分の一個を三つに分けて、欲しがる子に与えた。

何か、ほかに食べるものが手に入るのではないか、と一人を背に、二人の子の手をひいた叔母の体力は、アテもなくさまよっているうち、自分は全く食べていないのだから、みるみる衰えてくる。田の水だけを飲む日が、五日、六日と経つ。

そのころの記憶はハッキリしていないが、木の根元に座りこんでいる叔母は、背中に負っている子の重みも加わって、自分が地面の底へ沈んでいくように感じ、だんだん意識を失いかけていたそうである。

「両手は、二人の子をかかえていたよ。自分のからだがうつむいてきて、地面がかすんで見えなくなっていく。ここで自分は死ぬのかと思い、幼い子たちはどうなるのか、と考えもするが、からだがのめりこんでいくのをどうしようもなかった」

と叔母は語ったのだが、その時「オバさん」と呼ぶ男の声が耳に入った。

通りかかったのは、やはり那覇から避難してきた人らしい。夫が理髪店を営んでいるので、調髪にくる客たちに、叔母も見覚えられていたようで、声をかけた男も客の一人だったのであろう。シッカリして下さい、オバさん、あなたが倒れたら、コドモたちが可哀そうなことになりますよ。と男はいいながら、手拭いに包んであったものを取りだして、叔母の口に入れたのである。

それは黒砂糖のひとカケラだった。燃える那覇から逃げだす時に、この人は、ありあわせの黒砂糖を手拭いにくるんで持ったのであろう。

沖縄の人たちは、疲労困憊（こんぱい）した時、黒砂糖が気つけ薬として何よりも役に立つことを知っている。彼は荷物にならない黒砂糖の一包みを持って走ったわけだ。

口に入れられた黒砂糖を、ほとんど無意識のうちにのみ下した叔母は、自分がよみがえっていくのをアリアリと感じた、と語っている。

こうしてようやく元気づいた叔母は、苦労を重ねて那覇へ戻ったのだが、さらにもう一つの悲惨を体験することになった。

年が明けて三月、アメリカ軍の上陸戦がはじまる。首里を中心とする日本軍の防衛線に対して、アメリカ上陸軍の攻撃が激烈となり、叔母夫婦は娘と男の子たちをつれて、南部へ難を避けた。次男は通信隊に召集されて、あえなく戦死するのだが、叔母たちにも皮肉な運命が待ち伏せていたのである。

砲撃と爆繋から、自分たちを守れそうな自然の壕を、逃げまわったあげくに見つけた叔母たちは、そこに身をひそめていた。

夫婦の生命にかえても、娘たちを助けようと考えた叔母と夫とは、娘たちを壕の奥深いところに座らせ、二人が入り口にいたそうである。たとえ間近で砲弾などが爆発し、破片が散り飛んでも、自分たちがタテとなって、コドモたちを守ろうと考えたのだが——。

突然、壕のそばで起こった爆発の衝撃がおさまり、土煙が消えた時に、壕の奥へ目を向けると、娘が倒れていた。抱き起こしたら、もう息がなかったのである。

破片は、入り口でタテとなっている夫婦の僅かなスキ間を飛び抜けて、奥にいる娘を即死させていた。

なんということだろうね、と今でも叔母は、何をうらんでいいかわからない思いとともにつぶやくことがある

親思いだった娘と次男とを失ってからの叔母は、死んだ人のための最後の法事である三十五年忌をすますまで自分は死なない、とそれが生き残った親のつとめとして生きてきたようで、法事を営む日になると、緊張のあまり、倒れそうになったくらいだ。

そして時々、思いだしては、黒砂糖を自分の口に入れた人への恩義を語りつづける。まことに皮肉な運命に悲しんだ叔母にとって、惨苦をきわめた戦争の最中に、ただ一つの救いとなったのは、あのひとカケラの黒砂糖だったことになる。

（古波蔵保好『料理沖縄物語』より）

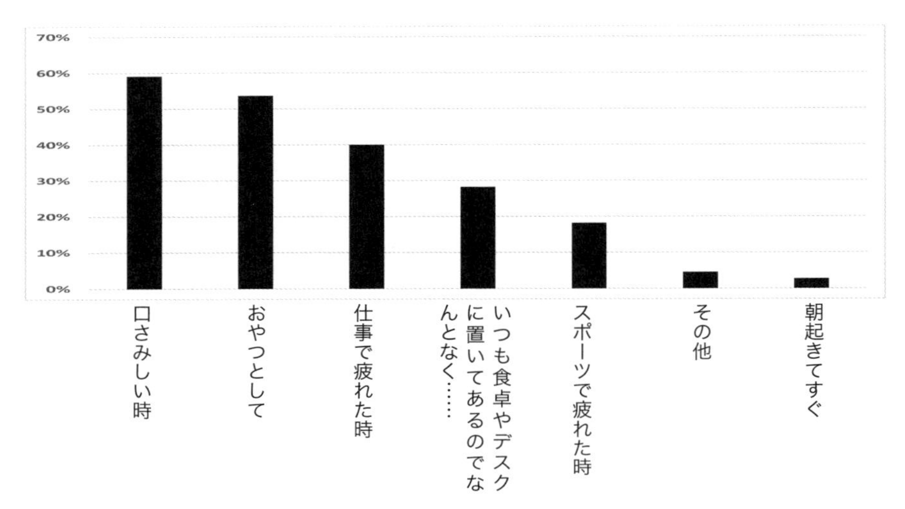

図 2-7　調査結果　「一口サイズの黒糖」を食べる場面

（数字は、「一口黒糖をそのまま食べる」と答えた人１１０名中の割合）
調査方法　Web 調査（アイブリッジ社の調査ツール Freesay 利用
2024 年 6 月　沖縄県 女性

涙なしには読めないこの一文は、戦争の悲惨さとともに、黒糖のとてつもないパワーを物語っています。

さて図 2-7 に、黒糖利用実態調査で「一口サイズ黒糖をどんな時に食べるか」と聞いた結果を示します。疲れた時、スポーツでのとの答えもありますが、口さみしい時、おやつとして、というシーンのほうが多く、一口黒糖の利用シーンは一般的なキャンディーのシーンとそれほど大差がないようです。古波蔵保好さんが記した「疲労困悠した時、黒砂糖が気つけ薬として何よりも役に立つ」という伝統的な食べ方を、もっともっとアピールしたいものです。

お菓子としての使い方

黒糖を素材として使う場合は、やはりお菓子用途が多いでしょう。黒糖をビジネスで考えた場合、砂糖を使う産業は圧倒的に菓子事業のほうが多いので、お菓子での使い方は黒糖産業にとって重要なテーマです。

しかし、沖縄の宮廷菓子には、黒糖を使ったものはほぼありません。安次富

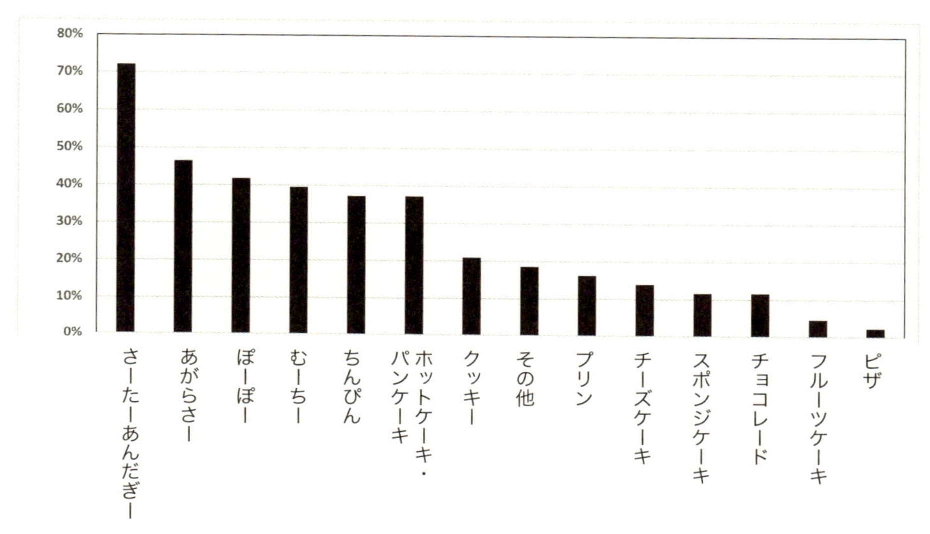

図 2-8　調査結果　黒糖を使って作るお菓子は？

（数字は、「黒糖を使ってお菓子を作る」と答えた人 43 名中の割合）
調査方法　Web 調査（アイブリッジ社の調査ツール Freesay 利用
2024 年 6 月　沖縄県 女性

順子氏の『琉球菓子』は、琉球王朝菓子をまとめた名著ですが、巻末にのせられた琉球菓子の「菓子材料分類表」の 113 のレシピのなかに黒糖を使ったものは１つもありません。これはすでに述べたように、琉球王朝時代、黒糖はあくまで貢糖用の換金作物で、食文化にはあまりかかわりがなかったことを物語ります。

一方で、安次富氏が『琉球菓子』で「庶民のお菓子」として紹介している 9 種類のうち、タンナファクルー、テンピヌメーマンジュウ、アガラサーの 3 種類には黒糖が使われています。これらのお菓子は、いずれも 1899 年黒糖が一般人の手にわたって以降に生まれたお菓子のようです。タンナファクルーは那覇の「株式会社丸玉」他で、テンピヌメーマンジュウは、那覇市泉崎の「ペーチン屋」で売られている、いずれも黒糖の香りのお菓子です。

現在、一般的に、家庭で作られる琉球菓子は、「さーたーあんだぎー」「あがらさー」「ちんぴん / ぽーぽー」「むーちー」などで、いずれも、主原料の小麦粉または米粉と砂糖、少量の卵などで作ったシンプルな菓子です。デザートとしては、黒糖入りの「ぜんざい」も人気です。

図2-8に、今回実施した調査で、「どのようなお菓子に黒糖を使うか」を調べた結果を示します。全国的にも人気の、さーたーあんだぎーがトップで、あがらさー（蒸しパン)、ぽーぽー・ちんぴん（いずれもクレープに似たお菓子)、むーちー（月桃という香りのよい葉でくるんだ餅）という沖縄の伝統菓子が続きます。ただし、一般のレシピではこれらのお菓子に必ず黒糖を使うわけではありません。沖縄で売られているさーたーあんだぎーも、生地が黄色っぽい白砂糖を使ったものと、黒糖を使ったもの両方あります。レシピを検索しても白砂糖、黒砂糖両方のものが見つかります。ただし、今回調査した沖縄伝統菓子のうち、あがらさーは黒糖を使ったレシピが圧倒的に多いようです。

今回、黒糖と上白糖で、さーたーあんだぎーを同じレシピで作り比較してみました（写真2-8)。

レシピ例：さーたーあんだぎー（黒糖使用）

黒糖 150g　水 75g　小麦粉 300g　ベーキングパウダー 小さじ1　全卵 1　酢 小さじ1

- 黒糖を加温して完全に水で溶かし、小麦粉、ベーキングパウダーをふるい入れたのち、全卵、酢を加える
- 種を、直径2.5㎝程度に丸め、手に油を付けながら（くっつきを防止するため)、冷蔵庫で冷やす。
- 鍋に油を深さ 4cm 以上入れ、150℃で11 分揚げる

写真2-8

さーたーあんだぎー

レシピは今回取材した、多良間島の来間前工場長の奥様のものです。上白糖を使ったものは、普通に甘くてほのかに卵の香りがするおいしい揚げ菓子ですが、黒糖を使った場合、黒糖独特のロースト感のある香りが広がり、かすかな苦味と甘さの心地よい後味が残る風味豊かな揚げ菓子になります。

さーたーあんだぎーは、さーたー（砂糖）+あんだ（油）+あぎ（揚げる)。という意味です。このことからも、もともと黒糖で作られていたものと思われ

写真 2-9

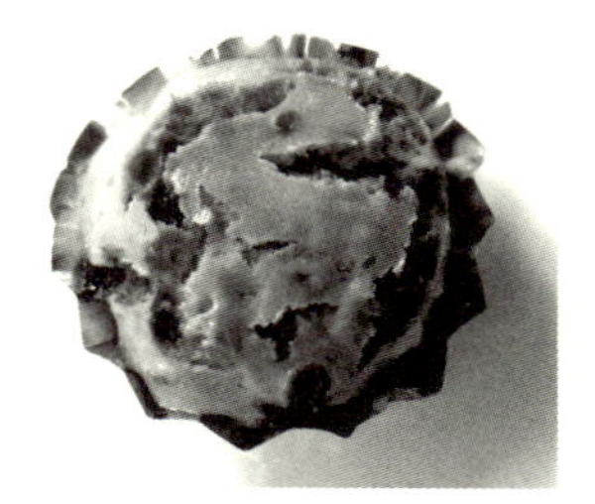

あがらさー（左）とその断面（右）

ます。黒糖は揚げているときに泡が出るとか、やや価格が高いというデメリットもありますが、おいしさでは黒糖に明らかな強みがあると感じました。沖縄の誇るお菓子、さーたーあんだぎーと言えば黒糖というようにしたいものです。

ちょっとユニークな黒糖のお菓子への使い方として「黒糖の粒を練りこむ」という方法があります。写真 2-9 は沖縄市の具志堅商店の「黒糖あがらさーミックス粉」で作った、あがらさーと、その断面です。このミックス粉には黒糖の粒が入っていて、生地を水と合わせカップに入れ蒸すと、黒糖の粒が生地の中で沈み、いいあんばいに溶けて、黒糖感あふれるあがらさーができます。

沖縄県黒砂糖協同組合のホームページにのっている、中達敬治シェフの黒糖モンブランも、黒糖粒を使ったレシピです。（https://www.okinawa-kurozatou.or.jp/recipe/menu/376）ここでは、モンブランクリームの底に引いてあるパンドジェンヌ（アーモンドたっぷりの焼き菓子）に、粒の黒糖を忍ばせています。黒糖の入ったモンブランクリームを食べた後、最後に、粒黒糖の濃厚なコクと香りを楽しめるお菓子です。

お菓子というのは、このように、単一の素材でできているより、異なる味や食感が組み合わさったもののほうが、よりおいしく、楽しく、価値が上がると言われています。粒の素材が簡単に手に入る黒糖の特徴を生かして、楽しいお菓子を考えてみてはいかがでしょうか？

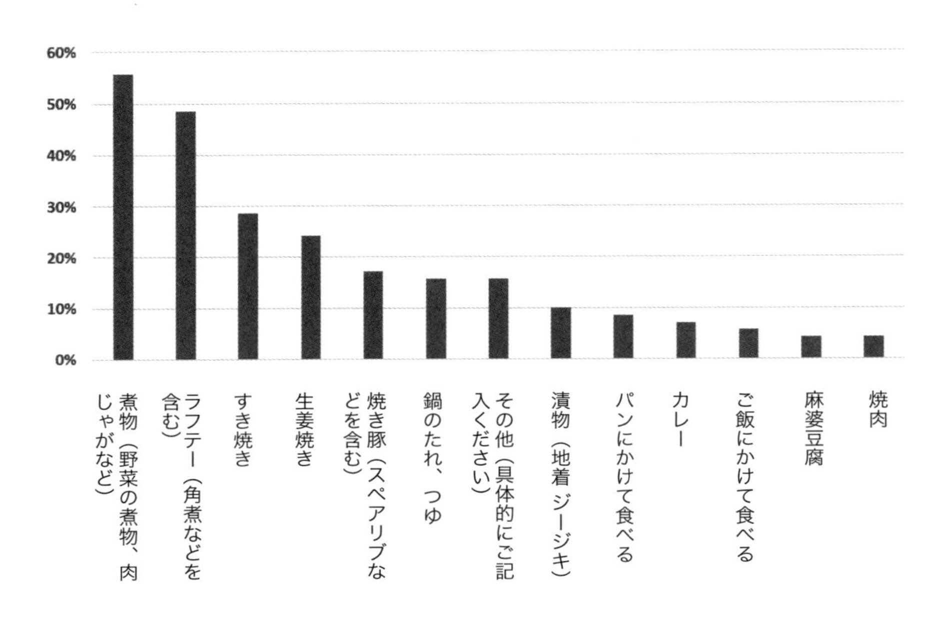

図 2-9　調査結果　黒糖を使って作る料理は？

（数字は、「黒糖を使って料理を作る」と答えた人 70 名中の割合）
調査方法　Web 調査（アイブリッジ社の調査ツール Freesay 利用　2024 年 6 月
沖縄県 女性

料理としての使い方

お菓子と同様に、琉球宮廷料理に黒糖が使われた形跡もあまりありません。琉球の古書『御膳本草』をもとに作られた、高木凛氏の『大琉球料理帖』にも、黒糖を使った料理はほとんどありません。黒糖を使う沖縄料理として真っ先に名前の挙がるラフテーのレシピにも、『大琉球料理帖』では「砂糖」が使われています。沖縄在住の方にヒアリングしましたが、ラフテーを作る時は必ずしも黒糖を使うわけではなく、白砂糖やみそを使うとの声も多かったです。

図 2-9 に沖縄での料理への利用についてのアンケート結果を示します。最も多かったのが、煮物（野菜の煮物、肉じゃがなど）で、ラフテー、すきやきが続きます。

一般的に煮物に砂糖を使う理由は、シンプルな野菜の味に甘味を加えることで味に深みを出し野菜の味を引き立てるとともに、煮物で使う醤油の尖った香りをマイルドにすることです。しかし、砂糖は少しでも入れすぎると、甘味が前面に出てくるため、自然な野菜の香りとのバランスが崩れてしまいます。一方で黒糖の場合は、甘味があまり表に出ることはありません。また、苦味やほのかな酸味、ローストの香りが加わることで、白砂糖よりもさらに深い味とコクが出ます。沖縄の方はこのあたりの効果を理解して、煮物やすき焼きなどに黒糖を使う頻度が多いと思われます。

定番のラフテーも黒糖を使うと、砂糖を使うよりもバランスよく上品な味になります（写真2-10）。砂糖だと肉の味をストレートに感じますが、黒糖だと豚

レシピ例：ラフテー　（写真2-10）
豚三枚肉（皮つき）　500g　泡盛300ml　かつおだし１カップ　みりん50ml　黒糖40g　酢大さじ１　醤油　80ml
- バーナーで毛をしっかり焼いた豚肉を、泡盛200mlとたっぷりの水で90分弱火でゆでる。
- 鍋を室温まで下げたのち、肉をとり出しお湯で洗ったのち、3cmほどに切る。
- かつおだし、残りの泡盛を加え、落し蓋をして極弱火で30分煮る
- みりん、黒糖、酢を加えて60分煮たのち。醤油を２回に分けて入れ30分煮込む（15分に１回）
- 中火で５分程度煮詰めて照りを出し、室温まで冷まして味をしみこませる。
- 好みで、辛子、針生姜を添える

写真2-10

ラフテー

皮、脂、醤油の味をうまくまとめて一体感のある味になります。黒糖をラフテーに使った歴史は浅いかもしれません。でもその中でラフテーが黒糖を使用する代表的な料理となっているのは何らかの必然性があるからです、それが「複雑な味をまとめて、全体的なバランスを取る力」ではないかと思います。

また、沖縄では、生姜焼き、カレー、麻婆豆腐など、日常的に食べるスパイスを使った料理に黒糖を使う方もいます。先に述べた中国での紅糖生姜茶の例でもわかるとおり黒糖は生姜との相性がよいため、沖縄の家庭では生姜焼きに黒糖を使うことも多いようです。

一般的に砂糖には辛みを緩和する効果があるので、カレーや麻婆豆腐などにも使われます。ただし白砂糖は入れすぎると甘味が浮いてきてバランスが悪くなります。しかし黒糖は辛さを緩和できるくらいしっかり量を入れても甘さが浮いてこず、かえって料理全体のコクをアップする効果があります。カレーでは、那覇の「あじとや」の黒糖カレーが有名です。強いスパイスの香りを後から黒糖の甘さが優しくくるんでくれるような、独特のおいしさです。

それから、ちょっと意外な食べ方として、バタートーストに粉黒糖をトッピングする食べ方をする方が、沖縄で意外に多いようです。シュガーバタートーストは一般的によく知られた食べ方ですが、この砂糖を黒糖に変えるだけで、コクと深みのあるトーストになります。

以上のように、沖縄で黒糖は特別な料理というよりは、普段の生活の料理の中で、料理に、より深みを与える素材として一部のキッチンで使われているようです。しかし、今回の調査では、家庭のキッチンに黒糖が常備されているのは29%という結果でした。沖縄の黒糖との深いかかわり、歴史を考ええると、もっともっと浸透していてもいいかもしれません。

最後に、黒糖を使った特別な料理として、地漬（じーじき）があります（写真2-11）。これは黒糖でにんにくやダイコンを漬け込んだ漬物です。最低でも3カ月以上漬け込む漬物で、かなり独特な風味があります。にんにくの地漬は、生のにんにくを漬け込むのですが、長期漬け込むことにより、にんにくの香りがマイルドになり、黒糖の甘さ・風味一体となって、酒のつまみや、ご飯のお供に最適な珍味です。実は沖縄でもかなり少なくなっている食文化のようで、是非この魅力をもう一度見直したいものです。

写真2-11　地漬

飲料としての使い方

沖縄の黒糖の飲み物として最も古典的なのは、「サーターユー」つまり黒糖をお湯に溶かしたお茶です。沖縄食文化本のもう1冊の古典、外間守善氏の『沖縄の食文化』に、1924年生まれの著者の子供の頃の思い出として、「病気の時にサーターユーを飲むと力が湧いてくる」との記載があります。筆者は、本書の取材で訪れた多良間島の豊見山正さんのお宅で、サーターユーをいただきました。４月の光の中、風通しのよいお宅のテラスでいただくサーターユーは、温かく心にしみわたる味でした。最近ではあまり見かけなくなった食文化のようですが、第３章で述べるポリフェノールやミネラルの機能性を生かした飲み物として、復活してもよいものと思います。

沖縄では現段階で特別な黒糖ドリンクはありませんが、飲料は消費量の多い商品ですので、是非沖縄ならではの黒糖ドリンクをしっかり開発してもよいかもしれません。コロンビアのパネラや、中国の紅糖生姜茶、様々な台湾ドリンクなど参考になる飲み物はたくさんあるはずです。

6. 黒糖の新しい使い方

これまで、黒糖が使われている料理・菓子を、世界、日本（内地）、沖縄の順に、過去からの歴史も踏まえながら見てきました。そんな中、最近、黒糖の新しい使い方も静かに生まれてきています。本節ではこれまでなかった比較的新しい黒糖の使い方を紹介します。

ビーガン料理

ビーガン料理は、肉、魚、乳製品、卵など、動物性の素材を一切使わない料理です。サステナブルで、体にも優しいと近年人気が高まっています。動物性の素材を使わないということは、動物性のスープやかつおだしも当然NGです。だしとして使えるのは、昆布や野菜だしのため、どうしても味の厚みやコクが出づらくなります。

そんな中、沖縄・北谷町のビーガン料理ROTTONさんでは、多くの料理に黒糖を隠し味として使っているそうです。「ビーガン料理は、動物性の素材を使わないためどうしても料理のコクが物足りないことがある。そこでベースの味を補強するため黒糖を感じない程度に使っている」とのこと。「甘さが前面に出ずに、料理全体のコクを上げることができる」という黒糖の特徴を生かした使い方には、感服します。

乳製品等との組み合わせ

〈黒糖バター〉

石垣島のファーマーズマーケット「ゆらてぃく市場」で販売されている「黒糖バター」(写真 2-12) は JA おきなわ八重山支店の女性部が開発。2022 年の日本農業新聞一村逸品大賞で金賞を受賞した商品です。バターの中に粒状の黒糖が大量に練りこまれて一見野性味たっぷりですが、濃厚なバターの香りと黒糖の甘塩っぱさ、ドライフルーツを感じる香りがマッチして、ねっとりとしたゴージャスな味です。そのままパンにつけたりデザートに使ってもよいですが、クラッカーにのせておつまみにすれば、ブランデーに合わせる高級オードブルのような味です。

〈黒糖チョコレート〉

黒糖のチョコレートは「ロイズ」が石垣島のお土産菓子で長く販売していますが、最近「明治」からも黒糖チョコが発売されました (写真 2-12)。これらに共通するのはカカオマス、つまりカカオの茶色い部分を使っていない、つまり乳とカカオバター、黒糖の組み合わせ商品なのです。黒糖で作ったホワイトチョコレートということですね。ホワイトチョコというと甘いイメージがありますが、黒糖チョコは黒糖の苦味、わずかな酸味、そしてカカオとは異なるローストフレーバーで全体的なバランスを取りながら、今までのチョコレートとは一線を画した新しい味になっています。

黒糖バター、黒糖チョコレートでは乳製品やカカオと黒糖の組み合わせによ

写真 2-12　乳製品と黒糖との組み合わせ商品

黒糖バター
(JA おきなわ八重山支店)

黒糖チョコレート
(ロイズ石垣島)

黒糖チョコレート
(明治)

り新しいおいしさが生まれました。乳製品はもともとヨーロッパの食文化ですが、歴史の項で触れたように、これまでヨーロッパでは黒糖を使うことがあまりありませんでした。そのため、もしかしたらこれまで黒糖と乳製品はあまり出会うことがなかったのかもしれません。この日本・沖縄での出会いがまた新しい食文化をはぐくむかもしれません。そこで、乳製品を作った新たな組み合わせを考えてみました。

〈黒糖ピザ〉

東京・代々木上原にあるイタリアンレストラン、「コンチェルト」（ミシュラン・ビブグルマン）の井口隆之シェフのアイデアです。ピザにたっぷりチーズをのせ、粉黒糖をトッピングします（写真2-13）。黒糖はチーズのような熟成した香りの乳製品とも大変よくマッチします。蜂蜜とチーズの組み合わせはよく見ますが、蜂蜜が優しくとろけるような甘さになるのに対し、黒糖とチーズは、力強くパンチのきいた甘さになり対照的です。黒糖の焦茶色も、黄色いチーズカラーの上でとても映えると感じます。

写真2-13　ピザ

〈黒糖キャラメル〉

黒糖を使ったキャラメルは通常のキャラメルのように高温で煮詰めると黒糖の苦味が強くなってしまいますが、牛乳、クリーム、黒糖を低温で煮詰めて作る生キャラメルだと、ただ甘いだけでなく、苦味と黒糖の香りが入ったちょっと大人の生キャラメルができます。フルーツなどの素材を組み合わせても、さらに面白い商品ができそうです。

レシピ例：黒糖生キャラメル

黒糖 50g　無塩バター 50g　生クリーム 100g　牛乳 100g　水飴　50g

・材料を全部鍋に入れ、中火にかけ、ゴムベラか木べらで焦げないようにしっかり混ぜながら煮詰める
・15分程度煮詰めて123℃程度、キャラメルの一部を水に垂らしたとき、水に散らずに容器の底につくくらいになったら、ナッツを加える。
・オーブンペーパーを敷いたバットに流し、冷やし固める

〈ナッツスプレッド〉

ナッツもヨーロッパでよく使われ、日本では伝統的にそれほど多く使う素材ではありません。ヨーロッパには、ヘーゼルナッツペーストと砂糖を合わせたヌテラというナッツスプレッド商品がよく知られています。ここで砂糖の代わりに黒糖を使うと、とてもコクの強いペーストができます。

レシピ例　:ナッツスプレッド
無糖ヘーゼルナッツペースト（または無糖アーモンドペースト）　50g　黒糖 50g
・黒糖は、0.25~0.5㎜の目開きの篩でふるう
・ナッツペーストに、ふるった黒糖を少しづつすり混ぜる

黒糖の「においマスキング効果」をいかした使い方

黒糖には、特定のにおいをマスキングする効果があります。例えば豆乳に黒糖を 2% 添加すると、豆乳の青い豆のにおいがマスキングされます。砂糖を添加した場合は効果がありません。

ラフテーを作る場合皮付き豚肉を使います。沖縄県産豚など国産の豚はそれほどにおいが強くありませんが、海外産の皮つき豚を使うと、かなり動物香が強い場合があります。これも黒糖と煮ると動物香がかなり消えます。さらに前記のヘーゼルナッツペーストでも、黒糖を使うと砂糖の時よりもヘーゼルナッツの独特の香りがマスキングされます。

一方、豆乳で効果があるのに、オーツドリンクの穀物香へのマスキング効果はあまりないようです。このようにマスキング効果は、ものによって異なりますので、香りをコントロールしたい場合にいろいろと試してみるとよいでしょう。

7. 黒糖のおいしさ要因と今後の使い方の発展

ここまで、黒糖を使った様々なメニュー・レシピについて、世界、日本（内地)、沖縄について、歴史的な背景、今の消費者の状況、これから発展してほしい使い方のアイデア等を紹介してきました。これらの情報を使って、様々な黒糖のメニューが開発され、黒糖の消費が伸びることが筆者の願いです。

しかし、黒糖はあくまで砂糖の一種にすぎません。そして日本では圧倒的に白砂糖の利用が多いです。そんな中で、「おいしいから」という理由で、黒糖を使ってもらうためには、「黒糖を使うことにより、なぜ料理やお菓子がおいしくなるのか」ということを明確に説明する必要があります。今の日本では、黒糖は白砂糖に比べて価格が高いです。従って、高いものをあえて使うための説明が必要です。特に黒糖をＢ to Ｂビジネスで販売する、すなわち食品加工のメーカーやシェフに使ってもらうためには、単においしいだけでなく、理論的な説明が必要になります。そこで本節では、黒糖はなぜ食品やお菓子をおいしくするのか、という点を整理して説明します。

表2-3に、黒糖はなぜ食品やお菓子をおいしくするのか、すなわち「黒糖のおいしさ要因」を、これまで本章で説明した料理・お菓子を例に使いながら示しました。

筆者は黒糖のおいしさ要因は突き詰めると「コク」と「香り」に大別されると考えます。

ここでいう「コク」とは、味全体の深さ、広がりを意味します。黒糖を使うことで、白い砂糖より「コク」が出る、ということは、多くのシェフや食品メーカーの技術者が指摘しています。黒糖は甘さだけでなく、苦味、酸味、塩味おそらく旨味もあります。この複雑さも、コクの要因になっていると思われます。

黒糖のもう１つのおいしさ要因は香りです。黒糖の香りは「ロースト感」「カラメル感」「モルト（甘い）香」わずかな「バニラ」「グリーンな香り」など様々な香りの要素で構成されています。これにより、様々な料理においしさと特徴を出しています。

「コク」「香り」を使って、実際の料理をおいしくしている要因を以下の５つに分類しました。

Ａ　コク出しの効果
Ｂ　優しい黒糖の香りの効果
Ｃ　強い黒糖の香りの効果
Ｄ　特定の香りのマスキング効果
Ｅ　コクと香りの効果

表 2-3　黒糖は、なぜ食品やお菓子をおいしくするのか

	A.コク出し	香り			E.コクと香りを出す
		B、優しい香り	C.強い香り	D素材の香りをマスキング	
伝統的な沖縄料理	らふてー	ちんぴん あがらさー	さーたーあんだぎー	にんにく地漬	黒糖茶
内地（含鹿児島）		和菓子全般 蒸しパン	黒糖ラテ 黒棒・げたんば かりんとう 黒飴		ロールパン
海外			パネラ		タルトオシュクル 紅糖生姜茶 ラドゥー
新しい使い方	野菜の煮物 すき焼き ビーガン料理 ナッツペースト		黒糖バター 黒糖チョコ 生キャラメル ピザ パンにトッピング	カレー 豆乳 ヘーゼルナッツ 肉類（豚肉）	カレー 生姜焼き

この分類は、筆者が黒糖を使った様々な料理やお菓子を試してきた経験をもとに、実際にレシピを作成するときの参考のために作ったものです。レシピによって必ずしもこの通りにいくわけではありませんが、黒糖を使いこなすうえでの目安としてご理解ください。

まず「A　コク出し」について説明します。図2-10にコク出しの味のイメージチャートを示しました。このイメージチャートは横軸が「口の中での味の発現の時間経過」、縦軸は「味の強さ」を示します。この図で３つある山は、その料理自体が持つ味や香りを示します。コクが出るということは、もともと料理が持っている味や香りがより強くなることを意味します。黒糖を入れることによって、例えば煮物であれば、野菜の持っている風味や、醤油、塩の味がさらに引き立ち、強くなるということです。さらに、黒糖を入れることで、味の持続性・あと引きもアップします。

コク出しの効果を狙う場合、黒糖は香りをあまり強く主張しません。煮物、

図 2-10　A　コク出しの効果

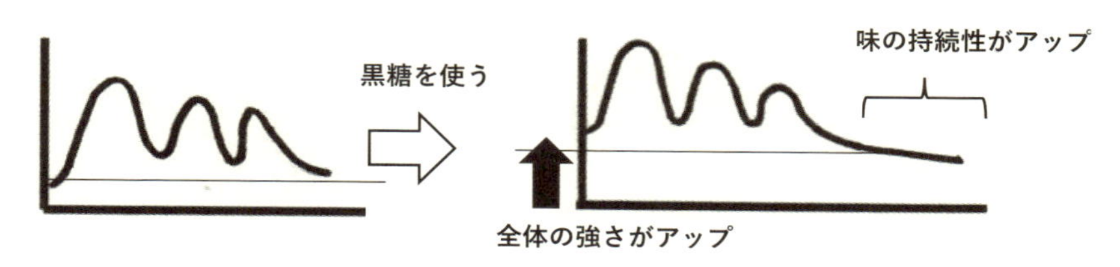

ラフテー、すき焼きのたれ、ビーガン料理、ナッツペーストなどに黒糖を使ってコクが出るのは、いずれも黒糖が料理の裏方として、味全体を引き立てているからと考えます。

次に「B　優しい香り」です。基本の和菓子の多くには、黒糖のバラエティ商品があります。ようかん、もなか、まんじゅう、ういろうなどです。この場合、黒糖の香りは、元の素材の世界観を崩さずに新しいおいしさを付加しています。すなわち、それほど強く黒糖の香りを主張するわけではないですが、和菓子の味の土台に乗って、しっかりと存在感を発揮しています。図 2-11 下のイメージです。沖縄の伝統的なお菓子のチンピンやアガラサー、蒸しパンも基本的には、黒糖の香りは優しい味です。

これに対し、内地の伝統菓子の黒飴やかりんとう、げたんぱ、黒棒などは、「C　黒糖の強い香り」を楽しむお菓子と考えます（図 2-11 上）。南米の黒糖ドリンクのパネラも、黒糖の強い香りがレモンの酸味・香りとバランスして、インパク

図 2-11　B、C　香りが追加される

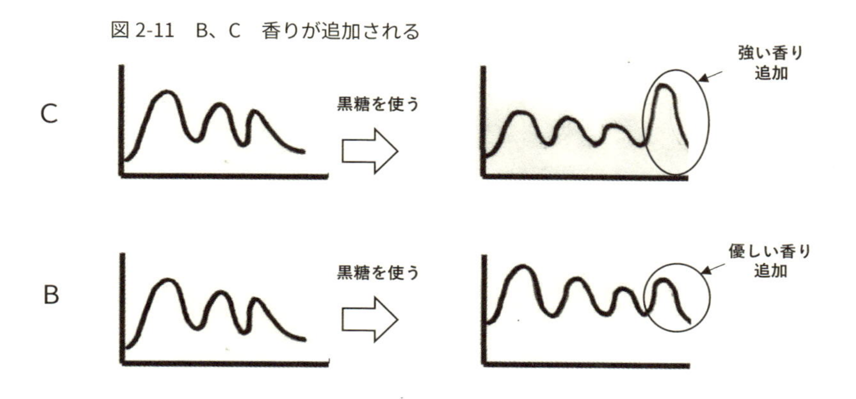

トがあり元気が出るような味になります。

さらに新しい使い方で触れた、乳製品との組み合わせ、黒糖バター、黒糖チョコレート、黒糖生キャラメル、黒糖ピザは、比較的強い味・香りの乳製品と、黒糖の強い香りを組み合わせることで新しいおいしさを生み出しています。

さーたーあんだぎーは、白砂糖でも甘さ、油の味、卵の風味で十分おいしいお菓子ですが、ここに黒糖の強い香りが加わることで、大人っぽい重厚な味になります。揚げ菓子はドーナッツやチュロスなど、大きい市場がありますので黒糖利用商品がもっと増えてもよいと思います。

黒糖には逆に香りをマスキング（強い香りを抑制）する効果もあるようです(図 2-12)。元の素材の持っている特定の味や香りを低減させる働きです。黒糖を加えることにより、豆乳の青い豆の香り、ヘーゼルナッツの香り、豚肉の動物香では、マスキング効果により独特の香りが抑えられることが確認できました。ほかにもあると思いますのでいろいろ試してみてください。また、にんにくの辛みやカレーの辛みの低減効果は、黒糖の甘さと香りの両方の効果と思われます。このように黒糖を上手に使うことで、料理の味のチューニングをすることができます。

図 2-12　D 特定の香りをマスキングする

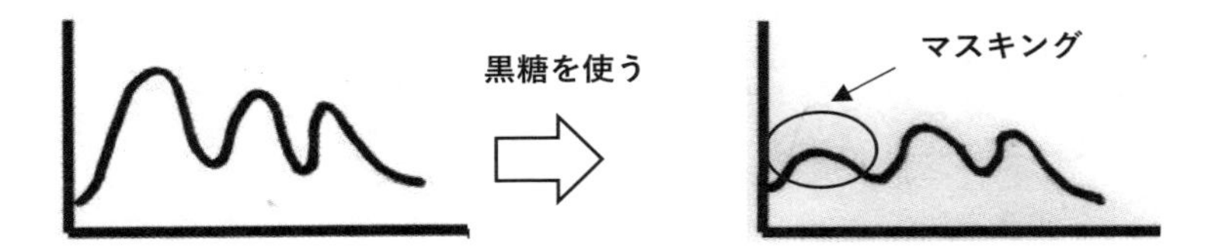

「コク」と「香り」、両方の効果でおいしくなっている料理もあります(図 2-13)。例えば、黒糖をお湯で溶いただけの「さーたーゆー」は、黒糖という素材自体の「コク」と「香り」を味わうお茶です。中国でポピュラーな「紅糖生姜茶」も、これが砂糖と生姜だけのお茶であればあまり楽しくない飲み物になるでしょう。黒糖の持つ「コク」と「香り」が、お茶のおいしさを構成しているのです。

カレーや生姜焼きは、比較的複雑な味、香りの構成を持つ料理です。これら

図 2-13　E　コクと香りの効果

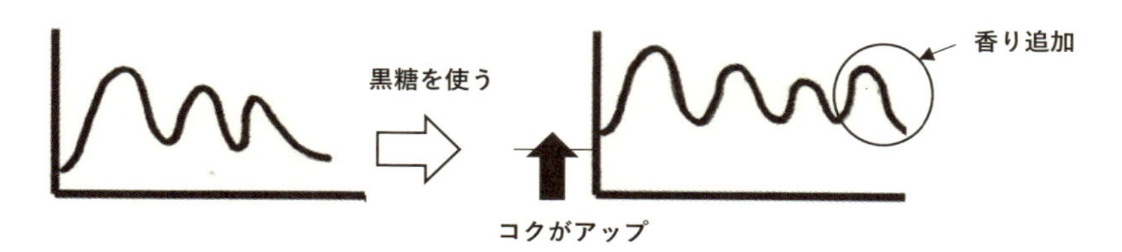

の料理に黒糖を入れるとおいしくなるのは、味、香りの両方の効果だと思います。黒糖ロールパンや、タルト・オ・シュクルは、ほかのお菓子系のレシピ同様、香りがおいしさを付加する要因ですが、パンの場合は小麦のコクを、タルト・オ・シュクルの場合は、フィリングのカスタード生地のコクを増す効果もあると感じましたので、ここに分類しました。

以上の分類は、筆者の経験がベースとなっていますので異論もあるかと思います。しかし、黒糖のおいしさを、「コク」と「香り」という軸で整理してみることは、実際に黒糖を様々な料理に使う時に有効だと考えます。

8. 黒糖の味を決める成分
── おいしさの化学的アプローチと高付加価値化のための提言

これまで、黒糖のおいしさは何かということについて、筆者の味覚と経験を根拠に説明してきました。黒糖のおいしさは「味」と「香り」で構成されます。そして第１節で述べた通り、「味」も「香り」も黒糖の中に含まれる化学物質に起因します。「味」、すなわち「甘味、苦味、酸味、塩味、旨味」は、大まかにいうと、それぞれ「糖類、ミネラル・ポリフェノール、有機酸、ミネラル、アミノ酸」の含有量と相関関係にあります。「香り」は「香気成分」という、多種多様な化学物質が起因です。そしてこれらの黒糖の味を決めている化学物質はすべて、第２節で述べた非ショ糖成分に含まれています。

黒糖の非ショ糖成分の内訳は様々な要因によりばらつきがあります。これが黒糖の使い勝手の悪さの原因のひとつとも言われています。

しかし、ばらつきというのは必ずしも悪いことではありません。ワインがあれだけ高い価値があるのは、産地によるばらつきを「テロワール」という価値で、生産年次によるばらつきを「ヴィンテージ」という価値で顧客にアピールしていることも大きな原因です。ワインの場合は、産地や年次による味のばらつきが生産者の言葉により、見える化されています。その内容を理解した顧客は、味の良い産地や年度のワインに高いお金を払う高付加価値化の構造が出来上がっています。「ばらつきの見える化」=「高付加価値化」です。このような構造になっている食材は、ウイスキー、日本酒、コーヒー、チョコレートなどたくさんあります。最近では、塩も、品質の違いが見える化されることで、それぞれの製塩事業者の個性を生かした付加価値化ができつつあります。

黒糖が島によって風味が異なっていること自体はよく知られています。しかし現在、この違いが十分見える化されていないため、それぞれの個性、風味の特徴を生かした付加価値化ができていません。本節では黒糖のばらつきの要因と、これまでの化学的な研究成果を整理し、今後どのような研究をしたらよいか、たいへん僭越ですが、提言させていただきます。

非ショ糖成分と味・香りの関係

非ショ糖成分のうち、味に関係する主な成分を表2-4に示しました。成分としては糖類、ミネラル、有機酸、アミノ酸、ポリフェノールがあります。香りに関係する成分を表2-5に示しました。黒糖の味のばらつきは、基本的に、これらの成分のばらつきが原因です。従って、これらの成分がどれだけ、何が原因でばらつくのか、その成分ばらつきが味や香りとどう関係しているのかを明らかにする必要があります。

黒糖の成分・味のばらつき要因　——研究結果のまとめ

沖縄で年間約8000トン生産される黒糖の味は、以下の4つの要因でばらついています。

A　地域によるばらつき

(伊江、伊平屋、粟国、多良間、西表、小浜、与那国、波照間の島ごとのばらつき)

表 2-4　黒糖の味に関する成分

分類	成分
糖類	ショ糖
	ブドウ糖
	果糖

分類	成分
ミネラル	カリウム
	カルシウム
	マグネシウム
	ナトリウム
	SO_4
	塩素

分類	成分
有機酸	乳酸
	アコニット酸
	クエン酸
	リンゴ酸
	酢酸

分類	成分
アミノ酸	アスパラギン
	アスパラギン酸
	グルタミン酸
	グルタミン

ポリフェノール類

出典『沖縄産黒糖の常温保存における物理化学的およびフレーバー特性の変化』広瀬直人他　日本食品保蔵学会誌　Vol41-6（2015）
『黒糖製造期間中におけるサトウキビ搾汁液の成分変動と黒糖品質の関係』　広瀬直人他　日本食品保蔵学会誌　Vol.45-3　(2019)

表 2-5　黒糖の香りに関する成分

分類	成分
脂肪酸類	Acetic acid
	Butyric acid
	Hexanoic acid
	Benzoic acid
	Myristic acid など

分類	成分
アルテヒド類	Acetaldehyde
	Hexanal
	Decanal
	Vanillin
	Benzaldehydeなど

分類	成分
アルコール類 ＋ 炭化水素類	2,3−Butanediol
	Cedrol
	T−Muurolol
	δ−Cadinol
	α−Cadinol
	2−Phenylethylalcohol
	β−Eudesmolなど

分類	成分
フラン類 ＋ ラクトン類	γ−Butyrolactone
	Furfuryl alcohol
	Furaneol®
	5−Methyl furfuryl alcohol
	γ−Nonalactone
	Sotolon など

分類	成分
エステル類	Ethyl formate
	Ethyl acetate
	Isopropyl myristate
	Ethyl palmitateなど

分類	成分
ケトン類	Acetoin
	β−Damascenone
	1−Hydroxy−2−butanone
	Cyclotene
	Diacetyl
	Megastigma−4,6,8−trien−3−one
	Acetovanilloneなど

分類	成分
含窒素化合物	2−Methylpyrazine
	2,5−Dimethylpyrazine
	2,6−Dimethylpyrazine
	2−Ethyl−6−methylpyrazine
	2−Ethyl−5−methylpyrazine
	2,3,5−Trimethylpyrazine
	2−Methyl−5−hydroxymethylpyrazine
	2−Acetylpyrrole
	2−Formylpyrrole
	6−Methylpyridin−3−olなど

分類	成分
ピラン類	Pyromeconic acid
	Maltolなど

分類	成分
含硫化合物	2−Butylthiophene
	Benzothiazole
	Sulfurolなど

分類	成分
フェノール類	Guaiacol
	Phenol
	2,6−Dimethoxyphenol
	4−Vinylphenolなど

出典『黒糖の香り』前田知子　長谷川香料技術研究レポート No.23（2007）

B　生産年次によるばらつき

C　日次によるばらつき、生産の初期（12月）と終期（3、4月）のばらつき

D　保存中の品質変化によるばらつき

これまで、沖縄県農業研究センター、琉球大学農学部などを中心に、非ショ糖成分の品質ばらつきに関する精力的な研究が行われてきました。表2-6に、沖縄黒糖の非ショ糖成分のばらつきに関する重要な研究論文についての簡単なまとめを記しました。データの一例として表2-7に各非ショ糖成分の、生産日次ごとの具体的なばらつきデータを示します。

これらの研究では上記A~Dの各ばらつきについて、膨大な分析データが収集されており、分析値としては様々なことがわかっています。

しかし、本節で提言する「8島の特徴をテロワールとしてアピールするため

表2-6　非ショ糖成分のばらつきに関する研究の概要

ばらつきの種類		分析研究サンプル	分かったこと	課題	報文
A	島によるばらつき	2013年度産黒糖８島１点づつ	●アミノ酸、ミネラル、総フェノール、各種香気成分などは、島ごとにばらついている ●味覚センサーによる「甘味、旨味、渋み。苦味」と「いくつかのミネラル、総フェノールの量」に、正、または負の相関がある	●各島のサンプルは１点なので、このデータが、島を代表するのか不明 ●官能検査未実施のため、味覚センサーのデータと人間が食べた時の味の相関が分からない	1
B	生産年次によるばらつき	多良間島の2014,15年黒糖、週１回サンプリング　計２９点	●非ショ糖成分の各成分は、年次、日次でも、変動係数０．１～０．５程度のばらつきがある。（表２－７参照） ●味覚センサーによる「苦味雑味・旨味・塩味」と「いくつかのミネラル、有機酸、アミノ酸」に相関がある	●官能検査未実施のため、味覚センサーのデータと人間が食べた時の味の相関が分からない	2
C	日次によるばらつき				
D	保存中のばらつき	8島のうち小浜を除く7島黒糖各1点を21カ月保存、3カ月ごと7点	●保存期間が長くなると色が濃くなる、アミノ酸が減少する、有機酸のうちアコニット酸が減少する、総香気量が減少する	●官能検査未実施のため、成分変化と人間が食べた時の味の相関がわからない	3

〈出典〉

1 『Compositional and Electronic Discrimination analysis of Taste and Aroma Profiles of Non-Centrifugal Cane Brown Sugar,』 Yonathan Asikin　et al. Food Anal. Methods 10(2017)

2『黒糖製造期間中におけるサトウキビ搾汁液の成分変動と黒糖品質の関係』広瀬直人他　日本食品保蔵学会誌　Vol.45-3（2019）

3『沖縄産黒糖の常温保存における物理化学的およびフレーバー特性の変化』広瀬直人他　日本食品保蔵学会誌　Vol.41-6（2015）

の裏付けデータが欲しい」「味がばらついているのはわかっているが、具体的にどうばらついているのか知りたい」という要望に対しては、以下の問題点が依然残っています。

第１に、これまでの研究では、味覚センサーのデータがあるものの官能検査のデータが収集できておらず、各種分析値が実際どんな味なのか明確でない、という点です。

第２に、多良間島以外は８島それぞれで連続的なデータが収集できていないので、島ごとの傾向を分析値的にも明確に示せないことです。

なお沖縄県では、沖縄黒糖安定供給支援事業として、公表された論文以外にも、様々な分析・研究が行われていますが、ばらつきと味の関係に関して、上記以上の明確な知見は得られていません。

表 2-7　黒糖の成分ばらつき平均値

	平均値	標準偏差	変動係数
ショ糖（g）	82.3	6.6	0.08
還元糖比	4.6	2.2	0.47
総遊離アミノ酸（mg）	715.8	263.7	0.37
アスパラギン	571.6	239.8	0.42
アスパラギン酸	37.1	9.5	0.26
グルタミン酸	9.1	2.5	0.28
グルタミン	7.2	2.7	0.37
総有機酸（mg）	679.0	78.4	0.12
乳酸	221.7	103.2	0.47
アコニット酸	210.2	87.2	0.41
クエン酸	81.2	24.3	0.30
リンゴ酸	78.8	8.3	0.11
酢酸	69.9	40.0	0.57
総陽イオン（mg）	1395.2	196.8	0.14
カリウム	1004.6	138.9	0.14
カルシウム	244.8	68.3	0.28
マグネシウム	108.8	24.6	0.23
ナトリウム	37.0	11.2	0.30
ポリフェノール（mg）	336.4	45.5	0.14

出典『黒糖製造期間中におけるサトウキビ搾汁液の成分変動と黒糖品質の関係』
広瀬直人他　日本食品保蔵学会誌　Vol.45-3（2019）

黒糖風味のばらつきに関する、ビジネス上の課題

黒糖ビジネスとして、需要を拡大し、付加価値を付けて高単価で販売することを目指したとき、黒糖の味のばらつきに関する課題は、

課題１「８島黒糖の風味の違いを見える化してアピールしたい」

課題２「ばらつきの範囲や傾向を見える化して、ユーザーに伝達できるようにしたい」

の２点になります。

課題１の、「８島黒糖の風味の見える化」については、（株）明治フードマテリアが、図 2-14 のような情報を 2020 年に公開しています。ここに示された特徴は、実際に近いとの声もありますが、公開から４年たった現在も、このマップは一般化していません。筆者自身は、この図に基づき、例えば、「与那国は苦味やパンチがあってスモーキー、ローストっぽい香りが特徴」「西表はコクと苦味、酸味が強く、ドライフルーツ様の香りがある」「伊江は、苦味は弱いがコクが強く、ミルク、バニラ調の香りがある」とお客様に伝えることがありますが、このように言い切る業界関係者は多くないようです。これは、このマップがあくまで一事業者の作成によるものであり、業界全体として決めたものではないからだと考えます。本来であれば、各種の研究結果を図 2-14 のようなマップにまとめて、島ごとの味のアピールを業界として行うべきだと考えます。

前節ではおいしさの価値を「コク」「香り」などの側面から細かく説明しました。しかし、「コク」「香り」の特徴は島ごとに異なります。島指定で黒糖を購入している食品加工メーカーがいるのは業界でよく知られたことですが、これは島ごとに味の特徴があるからです。従って、本来は料理やレシピに応じて、使う島を使い分けることが可能ですし、そのようなアピールも十分可能です。島ごとの味のばらつきは、商品を特徴づける個性・付加価値となり、その結果、価格にプレミアムを付けられる可能性があります。ただし現在は、残念ながらその違いを、黒糖事業者側が十分に説明できないため、宝の持ち腐れになってしまっているのが現状です。

課題２の「ばらつきの見える化」に関しては、現状、「黒糖は品質がばらつくもの」以上の説明ができていないというのが問題点です。いくら島ごとの味

図 2-14

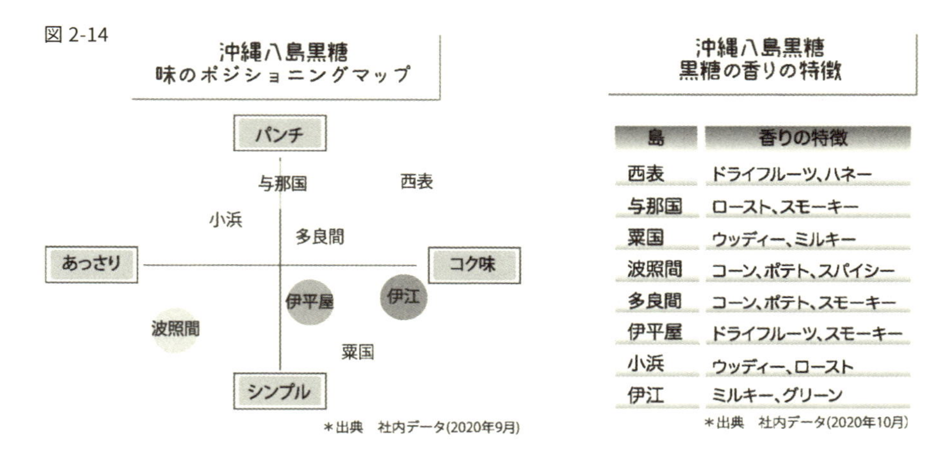

島	香りの特徴
西表	ドライフルーツ、ハネー
与那国	ロースト、スモーキー
粟国	ウッディー、ミルキー
波照間	コーン、ポテト、スパイシー
多良間	コーン、ポテト、スモーキー
伊平屋	ドライフルーツ、スモーキー
小浜	ウッディー、ロースト
伊江	ミルキー、グリーン

＊出典　社内データ(2020年10月)

出典『明治フードマテリア　沖縄黒糖パンフレット』より

が明確になっても、「それって結構ばらついているんですよね」と、ユーザーから聞かれたとき、ある程度でのばらつきの範囲や傾向が答えられるようにすべきです。天然物がばらつくことは、多くの原料を扱っている食品加工ユーザーには理解してもらえます。従って少なくとも、「何をもってばらつきというのか」、「どのようにばらつきをモニターしているのか」「そのばらつきの範囲はどのくらいなのか」について、お客様の質問に答えられる体制にするべきです。

課題解決のための研究の方向

「８島の味の違いの見える化」「ばらつきの見える化」という２つの課題に対して、以下の研究アプローチを提言したいと思います。

〈風味評価法の確立〉

風味評価のためには、「どういう言葉で評価するか」をまず決める必要があります。素材の風味を言葉で網羅する方法に、フレーバーホイールと呼ばれる方法があります。図 2-15 に（独）酒類総合研究所が開発した、日本酒のフレーバーホイールを示します。黒糖でもこのようなフレーバーホイールを作るのが理想です。フレーバーホイールでは言葉選びが重要です。日本酒の場合、こ

図 2-15 日本酒のフレーバーホイール

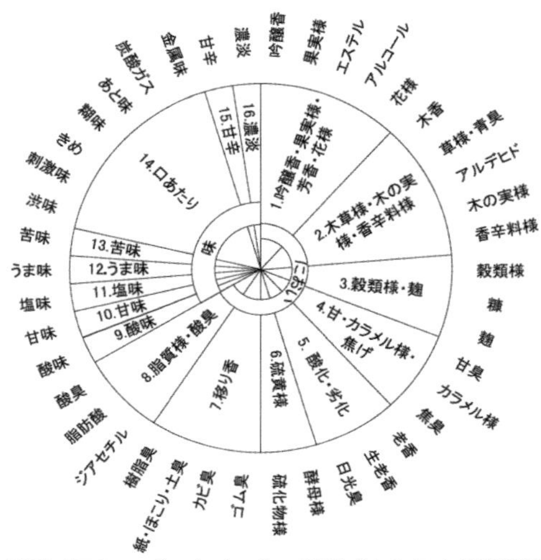

出典『フレーバーホイール　専門パネルによる官能特性表現』宇都宮 仁　「化学と生物」Vol50-12（2012）

図 2-16　QDA 法による風味ワード作り

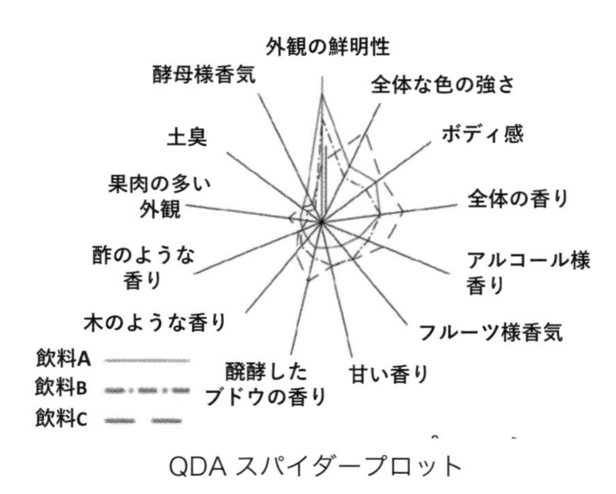

QDA スパイダープロット

アルファ・モス・ジャパン株式会社ホームページより
https://www.alpha-mos.co.jp/sensory/qda.html

の言葉選びには、全国の清酒専門家の意見も聞きながら実施したそうです。日本酒の業界では、風味を言葉にする習慣があったので、全国の日本酒専門家が持っていた言葉を共通化する作業が、フレーバーホイールづくりだったと考えられます。

一方、黒糖では、業界関係者が日本酒業界並みの黒糖風味表現ができるかというと、なかなか厳しいと思います。筆者自身も、黒糖の香りの表現を網羅できるかというと自信がありません。

素材の言葉の表現をあらいだし、定量的な風味評価ができるような体制を構築するためには、QDA（Quantitative Descriptive Analysis: 定量的記述分析）といった手法があります。この仕組みでは、約 10 人のパネルを選定し、このパネルにより黒糖の風味評価ワードを抽出して、黒糖の味や香り場合によっては色など外観の評価法を確立することができます。その後はこの評価法を使った風味評価を実施します。評価軸のイメージをアルファ・モス・ジャパン株式会社のホームページより図 2-16 に示します。ここには飲料の香り・味、中心に 13 のワードを設定していますが、黒糖に関しては、例えば「甘さ」「苦味」「酸味」「塩味」「ロースト香」「キャラメル香」「青臭さ」といったワードになるでしょう。もちろん前記の通りこの風味評価ワードは、あらかじめ与えられるのではなく、約 10 人のパネルによって選定されます。

味覚研究の大きな目的は、「お客様に実際の黒糖の味・香りの特徴を説明できること」ですので、風味評価法の確立を、まず最初に実施すべきと考えます。

このような風味評価法を確立したのちに、非ショ糖各成分の分析値との相関を取り、各成分が、官能検査のどの風味に寄与しているのかを考察します。

〈島ごとの分析データの収集と継続的なモニタリング〉

風味評価法が確立出来たら、島ごとの黒糖について風味の評価をしていきます。製品風味は当然ばらつきますので、８島すべてについて、統計的に差異を説明できるレベルの点数のサンプル数をとります。これらについて官能検査および成分分析を実施し、各島の風味特徴を明確にします。

上記で集中的に分析を実施し、ばらつきの傾向がある程度見えた後は、この基本的な手法を使って、定期的に島ごとの風味をモニタリング評価する方法を確立します。少なくとも各工場で、年に数点の風味評価と非ショ糖各成分の分析を行い、さらに製造現場の品質保証データと組み合わせておきます。これらのデータは沖縄黒糖全体で一括管理し、情報共有するのが理想です。また、官能評価は人による検査なので、評価パネルをしっかり維持管理します。

このようなモニタリングは手間と時間がかかりますが、結果的に、沖縄黒糖では品質がしっかり把握されていることが内外に伝わり、ブランドイメージの向上につながることは間違いありません。

研究結果のアウトプットイメージ

これまで述べた研究は、時間と労力のかかる大変な研究ですが、この研究結果から得られるアウトプットイメージを図 2-17 に示します。味と香りの「風

図 2-17 黒糖のばらつきを決める要因

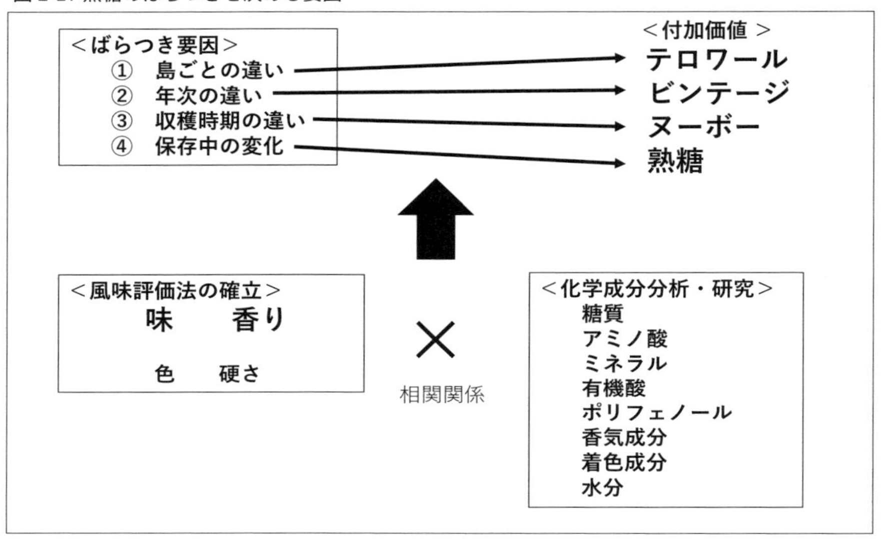

味評価法」を確立したうえで、この風味と、製品の化学分析値の関係を明確にします。

この関係を基に、島ごとの味の違いを、「沖縄黒糖のテロワール」という形で付加価値化します。

さらに、「年次の違い」は「ヴィンテージ」、収穫時期の違いは例えば、「ヌーボー」という言い方で付加価値化できるかもしれません。今でも「新糖の味はやはり違う」という表現がありますので、すでに気づいている方はいらっしゃることでしょう。保存中の変化もネガティブにとらえるのではなく、泡盛の古酒のような付加価値があるかもしれません。これは賞味期限設定義務のない砂糖の強みを生かすべきでしょう。熟成した砂糖で、「熟糖」という売り出し方もあるかもしれません。

いずれにしても、黒糖の高付加価値化というゴールを目指して、基礎研究を是非始めるべきだと考えます。

【参考文献】

『砂糖入門』 斎藤祥治ほか　日本食糧新聞社（2010）
『琉球菓子』 安次富順子　沖縄タイムス社　（2017）
『大琉球料理帖』 高木凛　新潮社（2009）
『料理沖縄物語』 古波蔵保好　朝日新聞社　（1990）、講談社文庫（2022）
『沖縄の食文化』 外間守善　筑摩書房　（2022）
『暮らしの中の栄養学』 尚弘子　ボーダーインク　（2008）
『山本彩香　とー、あんしやさ』 駒沢敏器　スイッチ・パブリッシング　（2023）
『にちにいまし』 山本彩香　文芸春秋　（2020）
『沖縄ぬちぐすい事典』 尚弘子監修　プロジェクトシュリ　（2002）
『尚王朝の興亡と琉球菓子』 益山明　琉球新報社　（2010）
『わたぶんぶん　わたしの「料理沖縄物語」』 与那原恵　講談社　（2022）
『沖縄の漬物とおやつ』 家庭料理友の会編　むぎ社　（2015）
『塩の図鑑』 青山志穂　あさ出版　（2016）
『フランス伝統菓子図鑑』 山本ゆりこ　誠文堂新光社（2019）
『洋菓子の世界史』 吉田菊次郎　製菓実験社　（1986）
『世界食物百科』 玉村豊男監訳　原書房　（1998）
『フランス伝統料理と地方菓子の事典』 大森由紀子　誠文堂新光社　（2021）
『楽園・味覚・理性　嗜好品の歴史』ヴォルフガング・シヴェルブシュ　福本義憲訳　法政大学出版局（1988）
『和菓子の歴史』 青木直己　筑摩書房　（2017）
『和菓子』 藪光生　KADOKAWA　（2015）
『ようかん』 虎屋文庫　新潮社　（2019）
『決定版 和菓子教本』 日本菓子教育センター編　誠文堂新光社　（2012）
『はじめての郷土料理　鹿児島の心を伝えるレシピ集』 千葉しのぶ　燦燦舎（2020）
『鹿児島の料理』 今村知子　春苑堂出版（1999）
『甘みの文化』 山辺規子編　ドメス出版（2017）
『日本の砂糖近世史』 荒尾美代　八坂書房（2018）
『沖縄黒糖製造ハンドブック』 沖縄県黒砂糖協同組合　（2015）
『シュガーロード』 明坂英二　長崎新聞社（2002）
『沖縄・奄美の文献から見た黒砂糖の歴史』 名嘉正八郎　ボーダーインク(2003)
『琉球歴史夜話』源　武雄　新星図書出版（1980）
『砂糖の日本史』 江後迪子　同成社　（2022）

『日本における甘味社会の成立』 鬼頭宏　上智経済論集　53 (1･2), (2008)
『近世における砂糖貿易の展開と砂糖国産化』 落合功　修道商学 42-1（2001）
『砂糖をめぐる旅』 岡部 史　ブイツーソリューション（2022）
『Non centrifugal sugar-World production and trade』 W.R.Jaffe (2015)www.Panelamonitor. org
『琉球・沖縄史』 新城俊昭　東洋企画　(2014)
『おいしさの見える化』 角直樹　幸書房　(2019)
『食品のコクとは何か』 西村敏英・黒田素央編　恒星社厚生閣（2021）
『Compositional and Electronic Discrimination Analysis of Taste and Aroma Profiles of Non-Centrifugal Cane Brown Sugars』, Yonathan Asikin　et al. Food Anal. Methods 10(2017)
『黒糖製造期間中におけるサトウキビ搾汁液の成分変動と黒糖品質の関係』 広瀬直人 他　日本食品保蔵学会誌　Vol.45-3　(2019)
『沖縄産黒糖の常温保存における物理化学的およびフレーバー特性の変化』 広瀬直人 他　日本食品保蔵学会誌　Vol41-6（2015）
『黒糖の香り』 前田知子　長谷川香料技術研究レポート No23（2007）
『フレーバーホイール　専門パネルによる官能特性表現』 宇都宮 仁　化学と生物 Vol50-12（2012）

取材メモ

石垣島

金城美沙江さん　ＪＡおきなわ女性部理事　**他メンバーの皆様**

（2024 年 3 月　石垣市）

石垣市のファーマーズマーケットやえやま「ゆらてぃく市場」で偶然見つけた黒糖バターがめっちゃおいしかったので、開発者のＪＡ女性部の方々にお時間を頂戴して懇談会。開発経緯とか生活の中での黒糖の意味合いをヒアリング。八重山の農産品の普及のための商品開発をされているとのこと、味噌、タレ、塩こうじなど。皆さんはお土産に差し上げた明治黒糖チョコレートをまじまじ見て、裏面も見て、写真に撮って。映（バ）えない裏面を写真に撮る方は開発のプロです。
この方々は商品開発が本当に好きなんだなぁとの第一印象。
「バタートーストと黒糖がマッチすることはもともと知っていたし家庭で普通にやっていた」「コロナ禍での黒糖在庫過剰対策のために商品化して普及活動として発売」売上を求める商品ではなく広報のための商品だがかなりの売れ行き、とのこと。御家庭での黒糖使用状況を伺うと、「普通に使っているので改まって聞かれても」という感じでした。そのまま食べる、お菓子に使う。そして調理。
コク、甘味、照りをつけるために普通に使う。基本調味料“さしすせそ”の前に新たに“こ”を付けて“こ、さしすせそ”。カレー、生姜焼き、麻婆豆腐 etc.　自宅に白砂糖が無い方が 5 名中 3 名。
乳と黒糖の相性は非常に良いこと改めて知り勉強させていただきました。
観光地は良いも悪いも食べ歩きが名物。京都錦、鎌倉、浅草、そして那覇牧志市場界隈。
でも石垣島には食べ歩き文化無いのですよね。これだけ観光客がいるのに。
折角、与那国、波照間、西表、小浜を結ぶ八重山黒糖 4 島の交点です。それぞれの特徴を生かしたワンハンドスナックを港で売ったら良い風景になるのになぁ、と。（な）

石垣島

前田剛希さん　沖縄県農業研究センター石垣支所　上席研究主幹

（2024年3月　石垣市）

石垣空港から車で20分。キビ畑の広がる台地をどこまでも走ると、沖縄県農業研究センター石垣支所の正門が現れます。門の中を入った右側にも研究用のキビ畑が広がり、ここがキビの研究の中心部であることがうかがえます。

前田剛希さんは、長年サトウキビと黒糖の基礎研究に携わってこられた方です。1週間前の急なアポイントにもかかわらず、私の質問にも丁寧にお答えいただきました。農業研究は、単に黒糖の品質だけでなく、サトウキビの生産性と黒糖の品質のトレードオフをどう整理するかということに心を砕かれています。サトウキビの品種の変遷についても興味深いお話を伺いました。

研究所では、黒糖を煮詰めるテーブルテスト用の機械を見せていただきました。筆者はここで初めて「煮詰めの終点は攪拌のトルクで見る」ということを理解した次第です。黒糖の付加価値化には、前田さんのような基礎研究の方のご尽力が不可欠です。今後ともよろしくお願いします。（す）

沖縄島

徳元佳代子さん　野菜ソムリエ　上級プロ

（2024年3月　糸満市）

野菜をはじめ様々な食材の付加価値化に、沖縄から日本中を飛び回る、日本で一番忙しい野菜ソムリエの一人の徳元さん。大変お忙しい時間の合間に、糸満のアトリエを訪ねさせていただきました。黒糖のレシピの仕事も何回も取り組まれたそうですが、島ごとの味の違いを、レシピに落とし込んでいいものかどうか、というのが悩みの種だったそうです。今後、黒糖の使い方を展開していくために大変頼りにしております。

徳元さんには、お義母様が遺された、12年物の、にんにくの地漬を、わざわざ送っていただきました。それも貴重な在庫の1／3をです。本来鋭いにんにくの香りが、熟成を経て滋味深い飴様の香りに変化し、黒糖の複雑な甘味と一体化して、上質な

スイーツのようでした。感激です。（す）

沖縄島

小坂直樹さん　ヴィーガンレストラン　ROTTON

（2023 年 7 月　北谷町）

北谷の個性的なヴィーガンレストラン。黒糖をとても上手に使っておられると紹介されて伺いました。ヴィーガンというと、どちらかと言えばナチュラルなイメージですが、このお店はポップで沖縄らしく、カラフルなワンプレートランチやバーガーが、楽しくおいしいお店です。多くのメニューに黒糖を隠し味に使っているせいか、動物性ゼロと思えない料理がとてもボリューミーで癖になります。「ヴィーガンときいてまだまだ難しいイメージの強い日本の食文化において、ヴィーガンかどうか、を感じさせず純粋においしい料理を楽しむ事を意識している」とのこと。本書のために、ご家庭にある調味料で簡単に作れる黒糖を使った万能ドレッシングを御紹介いただきました。サラダはもちろん、豆腐や餃子のタレ、冷製パスタにあえるソースとしても幅広く使えます。

『万能ハイサイ　ドレッシング』

酢 40ml 油 40ml 醤油 15ml みりん 15ml 黒糖 15g シークヮーサー果汁 10ml

上記の調味料をボウルに入れよくかき混ぜて完成。

大人向けには七味やにんにく、黒胡椒でアレンジがオススメです。

東京都

藪　光生さん　全国和菓子協会専務理事

（2024 年 2 月　渋谷区）

長年和菓子の普及に尽くされている藪さんは、1978 年から和菓子協会の専務理事をやられている、業界のスーパーレジェンドです。そんな方に「和菓子にとって黒糖ってなんですか？」という大変にふわっとした質問をぶつけてしまいました。

「和菓子は、微妙な味のバランスを楽しむお菓子。お茶に合わない素材は使わない。

どんなに最先端の所作を志向している茶道家も洋菓子を使うことは絶対にない。そんな中で、黒糖はわき役として、長年、使われてきた。黒糖は米粉や小豆の香りを損なわず、しかもしっかり個性を出せる香りと味があるからではないか」とのお答え。長年たずさわっている方ならではの明確なお答えで腹落ちしました。その後、お菓子の味と香りの談義で大変盛り上がりました。「黒糖の地域によるばらつきは、テロワールとして付加価値化できるはず」という話に、深くうなずいていただいたのが印象的でした。（す）

埼玉県

西村敏英さん　女子栄養大学栄養学部教授

（2023 年 9 月　坂戸市）

コクの研究の第１人者です。官能評価の世界であいまいだった「コク」の定義を提唱されています。西村教授によれば、コクは「複雑さ」「広がり」「持続性」の３つの要素で構成されるとのこと。私たちは、「黒糖にコクがある」と、普通に使っていますが、専門家から見て本当にどうなのかということが知りたくて、訪問してお聞きしました。恐る恐るテイスティングしていただいたところ、「しっかり調べてみないとはっきりしたことは言えないが、黒糖には明らかにコクがあると思う」とのこと。なんだか、とても嬉しかったです。もちろん学術的にはしっかり検査しないと、きちんとしたことは言えませんが……。このように「コク」ひとつとっても、専門家がいらっしゃいます。言葉は安易に使わず、専門家としっかりディスカッションしながら研究していかなければならないと感じました。（す）

第３章

沖縄黒糖、その機能性

──ぬちぐすいとして。黒糖力を検証する

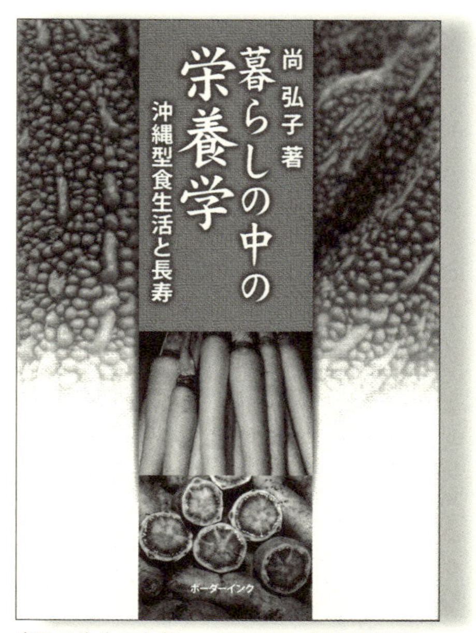

尚弘子先生の名著──第４章は「黒砂糖礼賛」

はじめに

命の薬、“ぬちぐすい”。沖縄黒糖は、その誕生から現在まで、“ぬちぐすい”として存在してきました。

“ぬちぐすい”は、狭義の意味ではいわゆる生薬的な食べ物を示す言葉だと思いますが、沖縄古来よりの自然観を併せ持って健康的な生活をおくる術(すべ)を指し示す言葉として現在でも使われています。

沖縄黒糖は古くから健康に良い素材であると言われてきています。食品マーケティングにおいて「健康」「機能性」のキーワードはお客様の反応が良い言葉です。沖縄黒糖取材で多くの方とお話をしました。沖縄黒糖は「健康に良い」という知識は皆様お持ちですが、何がどう良いのかはあまり御存知ではないのが沖縄県人の平均値ではないかと考えています。

実際に我々が生活者調査で沖縄在住の黒糖ユーザー女性147名に沖縄黒糖と健康に関して聞いた結果は下記の通り。

・“ぬちぐすい”と思うかに関しては71%の方が肯定的でした。
・健康に良い糖と思うかに関しては89%の方が肯定的でした。
・具体的な健康効用に関してはミネラルが豊富と答えた方が60%、ついでなんとなく良さそうと答えた方が31%となりました（MA)。

黒糖ユーザーでも具体的な健康効果を認識していないことが浮き彫りになりました。

これではだめです。もう少し黒糖の健康価値を広めないと宝の持ち腐れとなってしまいます。第1章で申し上げました通り、サトウキビはまず“薬”でした。その伝統を出発点として様々な研究がなされ、近代的な生理学研究でもその効用が確認されています。

この章では沖縄黒糖の機能性研究を紐解いて可能性を検証していきます。

“黒糖力”の検証です。

沖縄黒糖に関してはかなり多くの研究論文があります。機能性はみなバラ色に見えますが、論文の質、エビデンス（科学的根拠）のレベルによって信頼度がまちまちです。そこは冷静に、言論の自由の中で社会的コンプライアンスを遵守して御紹介したいと思います。

1. まず「食の機能性」とは

ところでそもそも食品の機能性とは何でしょうか。

食品には３つの効果・効用があると分類されています。

１つ目は「栄養」、２つ目は「嗜好」いわゆる「おいしさ」、３つ目は「生体調節」。

１つ目の「栄養」は食品の栄養素（炭水化物、脂質、タンパク質、ビタミン、ミネラルなど）が健康の維持・増進、成長発育の源として利用されることです。２つ目の「嗜好」は味や匂い、見た目、歯ごたえといった、ヒトの感覚に対する効果です。これは第２章で説明させていただきました。

３つ目の「生体調節機能」は体のいろいろな働き、例えば消化や呼吸を調整する働きと定義されています。医薬品的な急性症状の緩和ではなく、日々の予防の概念で脚光をあつめています。ヨーグルトの整腸作用や免疫調節作用、チョコレートの老化防止作用がこれにあたります。

この３つの効果・効用（栄養、嗜好、生体調節）は我々人間（動物）の進化の過程で食品（餌）に求められる目的の順に定義づけられています。まず何はともかく生きるために「栄養」を取らないといけないので「栄養」が第一、次に少し余裕が出てきておいしいものを食べたくなるので「嗜好」が第二、さらに健康に気を遣う時間が出てきて「生体調節」が第三という流れです。３つ目は後述しますが歴史的に薬の開発と同じ流れです。

しかし１つ目と３つ目、すなわち「栄養」と「生体調節」は切り離してはなかなか語れない領域です。筋トレの際に利用するプロテインは蛋白質そのものを食べることなので「栄養」に区分するのが正しいと思いますし、一歩進んでさらに効率よく筋肉をつけたい方用のBCAA（分岐鎖アミノ酸）、これは蛋白質の成分で筋肉損傷回復、増強に有効ですが、これは第三の生体調節にあたります。しかしいずれも広義の蛋白質であることには変わりなく、蛋白質の有効性を説明するときに切り分けることはあまり意味があるとは思えません。食品栄養学の区分からは少し逸脱をするかもしれませんが、本書においては「栄養」も含めた効果を「機能性」もしくは「機能性食品」として語らせていただきたいと思います。御了解下さい。

現在は薬と食品は薬事法で厳格に区分されています。しかし「医食同源」という言葉が示すように古来は明確な区分がありませんでした。近代科学の発展で効果が強いものが薬となり、効果がマイルドでおいしいものが体に良い食品、すなわち機能性食品となり食用され続けています。古代ギリシャ、紀元前400年に活躍した医師ヒポクラテスの「食を汝の薬とし、薬を汝の食とせよ」という名言がそれをまさに語っています。

沖縄の“ぬちぐすい”も医食同源の哲学そのものです。

余談ですが、内地には“ぬちぐすい”のような意味で昔から日常語として使われてきた言葉は無いと思います。最近はマーケティング用語としての単語「医食同源」はよく見かけますが､仕事以外では自ら使ったことはありません。沖縄文化には今も昔も自然の中で生きていくという強い自然観が根底にあると思います。

本論を進めるにあたり、特に史実解説の際は論述があいまいなことがあります。すなわち「薬」と捉えた方がよいのか「機能性食品」と考えるべきなのかの区別、また「効果」があるのは原料のサトウキビ搾汁液か、黒糖か、はたまたそれを精製した白糖なのか、などです。なるべく複数の文献にあたるなどして正確性を求めましたが、確信を持って判断できないことも多くありました。その部分はあやふやな記載のままにしてあります。御承知おき下さい。

2. サトウキビ、そもそもが“ぬちぐすい”

黒糖の原材料であるさとうきび、この学名は *Saccharum officinarum* です。

Saccharum は属名で「砂糖」という意味、*officinarum* は種名で「薬局」「薬」の意味です。両方ともラテン語です。

サトウキビは古代紀元前の時代から滋養の薬として珍重されてきました。

そうですよね。まず誰だってあのサトウキビの甘い汁は我々に活力を与え、十分な栄養がある滋養ジュースだったに違いないと思いますよね。当時から疲れた時にはかけがえのない、そして貴重な栄養飲料であったと容易に推測できます。さとうきびの最大の武器はこの有無を言わせない体感、信頼感だと思います。甘味は強いです。

さて、薬や機能性食品がどのように我々の体に影響を与えるか、効果を示すかの科学的な解明が始まったのは 1800 年前後、19 世紀初頭です。それ以前は西洋医学、東洋医学とも偶然の発見の積み上げ、経験則で治療を行っていました。

19 世紀に入ると近代科学が急激に発達しました。生物学の分野でも生理学、薬理学、動物実験学の進展がありました。病気の時、体の調子が悪い時、体の中ではどのようなことが起こっていて、それがどのように回復していくかが科学的な知識として得られ始めました。そしてこれらを基にした医学、食品栄養学が進展しました。

機能性食品の分野では 1910 年、東京大学教授で理化学研究所の設立者である鈴木梅太郎博士が脚気に有効な米ぬか成分オリザニンを発見しました。それが後にビタミン B1 と命名されました。これが近代的な機能性食品第一号と考えます。

世の中が安定してきた 1980 年代、ガンや生活習慣病の増加などが問題となってきました。

日本を始めとして欧米でも日常の食での予防（ケアからキュアへ）の機運が再び高まりました。医食同源の考えの復活、再活性化です。

アメリカでは 1990 年代、植物に含まれる物質がガン予防に役立つのではないかという発想で「デザイナーズフーズ」と呼ばれるガン予防食品の開発が開始されました。また、疾病のリスクを低減する食品成分にその旨を記載可能とする制度が 1990 年に「栄養表示教育法」として成立しました。

日本はこの分野において先進的な研究を行ってきました。まず「特定保健用食品（通称トクホ）制度」を作りました。これは国が食品に「健康に役立つ」表示を許可する世界で初めての制度です。1991 年にスタートしました。

また 2015 年から事業者の責任で、科学的根拠を基に商品パッケージに機能性を表示する「機能性表示食品」の制度もスタートし、食品の機能性に関する関心が高まっています。

これらが機能性食品の研究の社会的背景です。

では次章から時代別にサトウキビ、その加工品である黒糖の機能性がどのように語られ、研究されてきたかに関して解説していきます。

【植物と機能性　少し詳しく】

サトウキビになぜ「機能性」があるのでしょうか？　サトウキビは植物です。植物は動物と異なり動き回れません。育っているその場で、動かずに様々な環境適応をしなければなりません。植物は進化の過程で様々なそして絶妙な自己防衛能力を獲得しました。そして絶滅することなく５億年以上も益々繁栄を続けています。

例えば自ら餌を求めることができないため、空気中の二酸化炭素と水と日光で糖（エネルギー）を生み出す“光合成”能を獲得しました。また外敵（採食者のみならず紫外線など）から「逃げる」という我々動物では当たり前の本能的行動を行うことができないので、様々な防御物質を合成する能力を保有しています。渋柿の「苦み」もその一種です。

その中には外敵への強い反応力（生理活性と言います）を保有している化学物質も含まれています。それらは我々動物に対しても強い反応を示すものがあり、それをうまくコントロールして（毒にならない工夫）薬（機能性食品）として利用しているということになります。

東洋医学で漢方薬として利用される生薬にも、西洋医学における様々な薬も植物由来のものが数多くあります。ケシからの抽出成分であるアヘンは麻薬と思われると思いますが、正しい使い方をすれば非常に優れた、現在でも優秀な鎮痛薬です。

ですので、厳しい南国の環境で育つサトウキビの成分に生理活性があるのは必然と言えます。

3. 古典の中の沖縄黒糖

有史の中での最古のサトウキビ伝承は１世紀後半、ローマ帝国の軍医であったと言われているディオスコリデスの『薬物誌』[デ・マテリア・メディカ]と考えられます。ディオスコリデスは1000近い自然の生薬（植物薬600、鉱物約90、動物約35）をまとめ上げ、現在の消毒薬、抗炎症薬、鎮痙薬、興奮剤、避妊剤としての調合法、投薬量、使い方を指示したと言われ、中世まで古典として利用されていました。

小川鼎三他編集『ディオスコリデスの薬物誌』には、糖の形状は塩に似ていて、歯で噛めば崩れる。また水に溶いて飲めば、体がすっきりする。胃にも良く、膀胱や腎臓の痛みを和らげ、これを目に塗れば、かすみ目が治る、と記載されています。

現代においても地球的に考えると多くの方が栄養不足で苦しんでいます。良質なカロリー源である砂糖が良い薬でないはずが無いです。議論するまでもなく永遠の価値です。

万人に体感があるからこそ数千年にわたって有用作物として栽培・利用され続けていることが証（あかし）です。

では東洋医学ではどうでしょうか。時代は下りますが明の名著である『本草綱目』での記載があります。『本草綱目』は現在でも多くの漢方系素材の論述の出発点として引用される書物です。なお本草書というのは薬用植物など食医学の効果をまとめた博物誌の東洋医学での総称で、『本草綱目』はそのスタンダードです。

当然サトウキビの記載はあり、また黒糖の記載も別項目として載っています。その記載内容はサトウキビ搾汁液としては、「整腸作用、鎮咳、喉の渇きを抑える」などです。また黒糖としては「呼吸器系を整える、整腸作用をもたらす」とあります。東洋医学的な価値探索の旅の出発点としては合格です。

さて、日本です。日本最古の医書『医心方』(984) にサトウキビ搾汁液には内臓の機能を助け消化を良くすること、砂糖は中風に効き、顔色を良くする効果があることが記載されています。医心方は中国医学をその出典として編纂された平安時代の医書で信頼性が高いものとして 1984 年に国宝指定されています。

そしていよいよ沖縄です。1832 年、琉球王家の御殿医であった渡嘉敷通寛がまとめた琉球唯一の本草書『御膳本草』にサトウキビの項目が登場します。私が調べた限りでは沖縄で初めてのさとうきびの健康効果を示したものです。

一部を抜粋すると
――甘藷（かんしょ）（さとうきびの中国名）は気を下し、中を和合し、“脾”の気を助け大小腸を利して、痰を消し、渇きを止め、心中の煩熱を除き、酒毒を解し――とあります。

心を落ち着かせ、気持ちを整え、消化を助け（“脾”は臓器の消化、吸収の役割を指します)、咳を抑え、喉の渇きを防ぎ、解熱を助け、二日酔いを回復するとあります。

妙に納得する効果だと思いませんか？

そして現在の薬草（生薬）データベース、例えば熊本大学薬学部のデータベースには――日本には８世紀、唐の高僧鑑真により経典と共にもたらされた薬物の１つであるとの説があり、滋養強壮の妙薬として珍重された。本格的に栽培されたのは江戸時代の享保年間である。江戸時代から明治にかけて、砂糖は全国の生薬屋（きぐすりや）で扱われた最もポピュラーな薬であった――の記載があります。

4. 砂糖が甘味王となり、沖縄戦では切なく悲しく

第１章でも書きましたが、砂糖は 18 世紀の産業革命により食品として爆発的に拡大しました。

薬用としてのサトウキビが徐々に食品への転換がなされました。薬としては効果が穏やかだった点、大規模栽培が可能な点と併せて、いやそれよりも圧倒的に人類の甘味への誘惑が勝って食品産業として発達しました。

薬としてのサトウキビの時代は一旦ここで終了です。

日本において薬から甘味への質的変換点は 14 世紀中盤（室町時代）からではないかと考えられています。そのころはまだ大陸との貿易による輸入品であったため高価だったと考えられますが。

そして庶民の甘味料として量的変換がなされたのが 18 世紀です。

少し時代は飛んで昭和時代、あの忌まわしい太平洋戦争末期。沖縄黒糖と疎開、沖縄黒糖と防空壕避難に関する逸話はかなり沢山あります。

第２章で引用しましたが、古波蔵保好の名著『料理沖縄物語』には黒糖で助かった命のこと、沖縄人が糧（かて）として最後までそれだけは持っていた黒糖のことが切なく語られています。

防空壕への避難の際、黒糖は必需品であったとの記録が多く残っています。

そして、次の話の展開は世界的な機能性食品研究開発ブームまで少し時間が飛びます。

5. 沖縄は黒糖研究のフロントランナー

20 世紀後半に日本､米国で機能性食品の研究開発のブームが起こりました。そこで伝承的な健康食品が見直されました。科学的手法で再検証が行われたり、新たな成分の発見に注力したり、両側面のアプローチが活発になされた時代です。

沖縄の健康野菜でも例えば、「なーべーらー」(へちま)、「シマナー」(からし菜)、「シークヮーサー」､「ウコン」などは科学的なアプローチで効能効果の解析が盛んに進められました。

例えば「なーべーらー」は含有している成分 GABA（γアミノ酪酸）を有効成分として商品開発がなされました。そして機能性表示食品の制度を使って「GABA は高めの血圧を低下させる機能があることが報告されています」という表示をして発売されています（商品名 : ギャバへちま)。

そこでいよいよ沖縄黒糖です。

黒糖の代表組成成分は図 2-2（61 頁）に示しました通りですが、ショ糖と非ショ糖成分に大別されます。

図 3-1　脳における甘味の発現と脳内伝達物質模式図

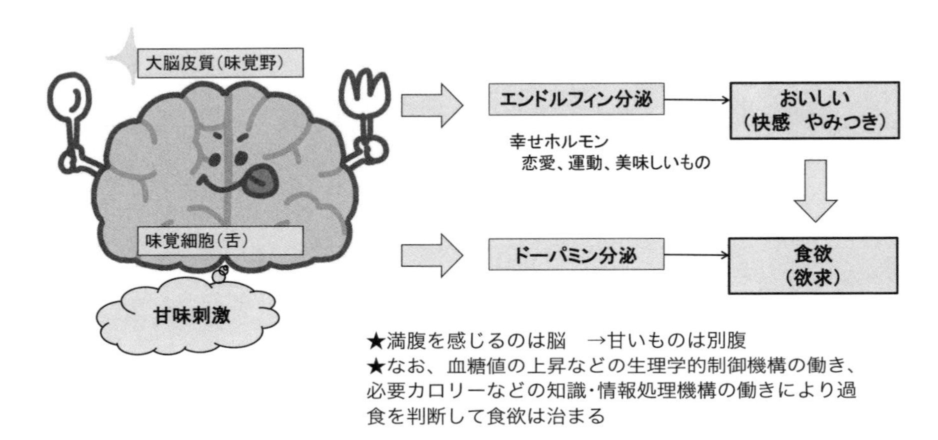

ショ糖にも当然ながら優れた栄養学的効果があります。ショ糖が体内で分解されブドウ糖と果糖になります。ブドウ糖は「即効性エネルギー、脳への知的エネルギー」の意味合いで重要な糖です。

甘味を感じるとβ - エンドルフィンという物質が脳内に分泌されます。β - エンドルフィンは「幸せホルモン、脳内麻薬」とも言われ、一旦くせになるとやみつきにさせる作用があります。恋愛、運動、おいしいものなど我々が「心地よい」「ときめく」と感じる時に分泌されるホルモンです。マラソンの際の「ランナーズ・ハイ」はエンドルフィン分泌による爽快感・高揚感と言われています。

甘味は重要な栄養素ですのでエンドルフィンが強く分泌され「やみつき感」を発現します。ケーキなどの甘いものが手放せなくなるのはこの作用効果によるものです。その次の段階として、ドーパミンという物質が分泌され食欲を刺激します。このように書くとあまり良い印象は持たれないかもしれませんがショ糖、ブドウ糖は生命維持の根幹をなす栄養ですので食欲と密接につながっています。

なお、人間には“理性”があり過食防御機構も味覚中枢に備わっていますので御安心下さい（図 3-1）。

【ショ糖の栄養　少し詳しく】

ショ糖は炭水化物です。炭水化物は三大栄養素の１つでエネルギー源として重要です。

現代はダイエットの時代、スポーツアスリートのライフスタイルが身近になった時代です。様々な栄養素に対する考え、食事スタイルがあります。低糖質ダイエットは一時の勢いはないですが未だに隆盛を保っています。スポーツの世界では糖質制限をして脂肪をエネルギーに効率的に変える体質を作るファットアダプト、脂肪を積極的に摂取するファットローディングという概念も出てきました。糖尿病を始め様々な病態に対する栄養配慮も必要です。

しかしそれら様々な考え方、哲学があっても炭水化物は必要な栄養素です。その中でショ糖は即効性がある栄養素で大切にしないといけません。また脳細胞のエネルギー源はショ糖の分解物であるブドウ糖です。知的労働には必ず糖が必要です。しかしこれも最近は糖を抑えることにより脂肪分解物のケトン体という物質を脳のエネルギーとするという生活スタイルも出てきましたが。糖質受難の時代です。

話を元にもどしますが、 黒糖固有の機能性を語る場合、「全体の中で 5% 程度含まれる灰分・微量成分」の魅力発掘をするということになります。

ここでまず Dr.Walter R. Jaffe 博士の『黒糖科学の総説』を紹介します。彼は南米ベネズエラの研究者で 2012 年と 2015 年に優れた総説を発表しました。表 3-1 に概略を記します。少し古い数字もありますが、近代の世界の状況、黒糖の機能性研究の大枠がわかると思います。

20 世紀半ばからいろいろと黒糖の研究はなされてきました。

そして課題としては、情報共有化をして詰めの研究が必要なこと、国際化素材としての存在感を高めること、と指摘されています。

しかしですね、この表 3-1 中に太字で示しました通り、沖縄は黒糖の機能性研究では世界を一歩リードし、国際的に評価されているとの嬉しい記載もあります。

先人たちの努力、現役研究者の活躍の積み重ねを新しい時代の“ぬちぐすい”としてどう応用していけるのか次の課題です。

表 3-1　Jaffe 博士の総説まとめ

科学的名称	non centrifugal cane sugar；非遠心分離甘蔗糖（ＮＣＳ）
各国での名称	ジャガリー・ガー（南アジア）、パネラ（ラテンアメリカ）、マスコバト（フィリピン）、ラパドゥーラ・アズカマスカーポ（ブラジル）、コクトウ（日本）（参　中国・台湾・東南アジアでは赤糖・紅糖）
含蜜糖割合	1961 年：甘味料の 16%、2009 年：３％
消費地域	サトウキビ生産地域での限定の商品　ミャンマーでは 46%
機能性研究	①歯の脱灰に対する粗糖の保護効果 1937 年の南アフリカが最初、次に我々の貧血効果に関する報告 ②健康効果を報告した 46 の学術論文を確認した（2012 年）最も高い頻度は免疫学的効果（全体の 26%）、 次いで抗毒・細胞保護効果（22%）、抗腫瘍効果（15%）、糖尿病・高血圧予防効果（11%） ③ NCS の健康効果は、抗酸化成分、特にポリフェノールの存在に基づいていると考えられる
研究問題点	ＮＣＳの科学情報は生産国言語（日本語、スペイン語）で論文化されており集約化進まず、国際的な機能性食品データベースにも 登録されていない。よって研究成果が共有されおらず深堀につながらない 研究が道半ばで各国の機能性表示食品として承認されるレベルには至っていない
特記事項	**NCS の体系的かつ持続的な研究は 1980 年代に日本で始まり、 企業・大学・政府機関が、沖縄産黒糖の様々な生理学的影響を発見**

6. 現代の沖縄黒糖研究

バブル前夜、すでに先人ありき

ここからは沖縄における研究に関して紹介させていただきます。

ここに一冊の小冊子があります。1983 年（昭和 58 年）の「沖縄問題研究シリーズ」第 77 号（財団法人沖縄協会発行）です。そのタイトルが『黒糖の科学』。内容は黒糖の食品機能に関する講演会の抄録です。

演者は東大名誉教授藤巻正生先生。藤巻先生は 1989 年に機能性食品の概念立案をされ「食品機能論」という新機軸を打ち出し強いリーダーシップを発揮されました。

後の特定保健用食品制度にもつなげられという食品科学の大物です。

その方が沖縄黒糖の機能性研究紹介の講演されていました。

その内容は下記表 3-2 の通りです。

表 3-2　藤巻先生の講演まとめ

白糖よりも強い作業効率の向上効果がマウスに対してあり、それは朝鮮人参に匹敵するレベル それは効率のみならずストレス耐性の向上にもつながっていると考えている その効果は搾汁液を固化する過程でできた褐変化物質ではなく天然物由来の成分でだろう
ラットの繁殖効率（分娩率として）を高める可能性がある
ゴールデンハムスターを用いた実験では白糖と比較して虫歯の発生が抑えられた
黒糖は人間の高地（4000 m程度）での低酸素適応力を高めることが期待できるデータがある

結構華々しい発表ですよね。40 年前ですので今となっては倫理性に難がある研究もありますが、当時の参考として御紹介しました。

この研究会は「沖縄黒糖」の価値向上検討の一環で行われました。1983 年、バブル前、機能性食品ブーム前です。沖縄黒糖の機能性開発に先鞭をつけた取りまとめです。

20 世紀、黒糖の母

続けて御紹介するのが、沖縄県元副知事である琉球大学名誉教授の尚弘子先生です。彼女は 1932 年生まれ。ガリオア資金を受け、アメリカ合衆国ミシガン州立大学に留学。食品栄養学者。食文化、長寿学にも造詣が深い方です。

余談ですが、彼女はあのグルメ漫画の金字塔『美味しんぼ』28 巻「長寿料理対決」で宿敵海原雄山を倒すための知恵を山岡士郎に授けた方でもあります。

その尚先生は沢山の御著書があります。その中で２冊、『沖縄ぬちぐすい事典』（プロジェクトシュリ）と『暮らしの中の栄養学　沖縄型食生活と長寿』（ボーダーィンク）を紹介させていただきます。

『沖縄ぬちぐすい事典』は2002年の出版です。時代背景としては長寿県沖縄の地位が変化し始めた時期です。男性の平均寿命が全国平均を下回ったのが2005年です。日本全体が長寿の国となる中、沖縄の平均寿命が伸び悩み始めました。

この本の出版目的は沖縄食の米国化で栄養過多が問題になっている時代に古き良き時代の教訓を学び、食を“ぬちぐすい”として再定義し読者に理解してもらうことと巻頭の言葉に述べられています。

その78頁は「黒糖」。彼女自身が執筆をしています。

機能性関連の記載としては、

・黒糖含有カリウムによる血圧への良い影響があるという推察
・黒糖の血清脂質の改善効果が動物試験で確認されたこと
・黒糖の耐糖能の改善が糖尿病予防ラットで確認されたこと

等の記載があり「黒糖は21世紀に生き残れる食品である」と宣言されています。

『暮らしの中の栄養学』は尚先生の単著です。出版は2008年。時代背景としては長寿県からの転落に対して行政が対策を立て始めた時期です。尚先生は伝統的な日本食を捨てて欧米食化に邁進している日本の食文化に強い問題意識を持ち執筆に至ったと後書きで述べられています。第4章は「黒砂糖礼賛」というタイトルです。黒糖の歴史解説のみならず、ご自身の研究内容を詳しく記載されています。

残念ながら尚先生に取材をさせていただくことはできなかったのですが、沖縄戦を経験されており、その時の“命の食”としての黒糖の存在が年月を経ても強烈な思い出として残っていたと書かれています。

また1970年代の砂糖は成人病（今の生活習慣病）の原因の一部として、バッシングをされることもありました。そこで沖縄基幹産業であるサトウキビ栽培と製糖業に新しい活路を導くために黒糖を研究テーマとされたとのことです。

健康・産業振興両側面のテーマ選定です。では尚先生自身の研究内容を表3-3で紹介します。

かなり応用を意識した研究です。非ショ糖成分である5%がまさに“黒糖力”であること、それが差別点であることを明言されています。

表 3-3　尚先生の研究紹介

タイトル	研究概略
ラットの血中脂質の変化（黒糖投与）	白砂糖を摂取したラットは摂取後血中脂質の上昇がみられるが黒糖摂取ラットには観察されなかった また体重増加もおこらなかった 黒糖は当然カロリーがあるが、白砂糖と比較すると太りにくく血中脂質の上昇を抑える可能性があるとの結論
ラットの血中脂質の変化（サトウキビ外皮ワックス成分投与）	植物の表皮の保護物質（脂質）は動物にも生理活性を持つという報告がある。サトウキビの茎皮脂質成分は黒糖成分として残存し微量成分となっている。これをラットに投与　その結果血清脂質及び肝臓脂質を低下を観察。その成分はワックスと呼ばれる脂質成分であることを推察。サトウキビ茎皮ワックス成分（cane　wax）の機能性研究の先駆け
糖尿病モデルラットの糖代謝改善効果及びHDL（善玉）コレステロールの上昇	黒糖にはこれらの効果があり、境界型糖尿病の方への応用が考えられると提案 黒糖には白糖にはない健康成分、例えば上記のワックス成分が含まれており、その非糖類成分と言われる５％にまだまだ健康価値がありそれを大切にしないといけないと結論づけ

20世紀後半はまだ生活習慣病ではなくて成人病と言われていた時代、高血圧、糖尿病、高脂血症が三大成人病と呼ばれていました。機能性食品の研究領域もこのターゲットが多かったと記憶しています。その時代の社会問題に対して価値のある研究をなされていたと改めて思います。

彼女は九州大学より1982年に博士号を授与されています。博士論文のタイトルは「沖縄産甘蔗成分の白ネズミ血清および肝臓脂質に及ぼす影響」。黒糖の機能性研究です。

論文の序論と総括は沖縄のサトウキビ生産の意味付け、黒糖の価値訴求、当時はまだ長寿県であった沖縄での黒糖摂取の実態、そして今御紹介した一連の研究の概論が滔々と述べられています。「糖」であることの心理的ネガティブな側面も冷静に指摘されている一方、その加工の広がり、商品への応用の期待も述べられています。ある意味優れた黒糖文化論です。ご興味がある方は国会図書館で閲覧できます。

21 世紀、黒糖力の論理性

さて現代です。

現在の健康科学では食品の分野でも強いエビデンス（科学的根拠）を求められます。食品の何がどのように効果がありそれはどのように証明されているのか、です。そのためには「有効成分の同定」「メカニズムの解析」「安全性の確認」「素材・商品の安定性」、そして「有効性を証明する試験の内容」を評価されます（図 3-2: エビデンスピラミッド）。

また 21 世紀に入ると成人の疾病対策としてのキーワードが「成人病」から「生活習慣病」へと転換しました。これは様々な疾患が「生活習慣」に起因され起こることがわかってきて、その生活習慣の改善が求められるようになったためです。さて、この項の主役は琉球大学の和田浩二教授を中心としたグループです。和田先生は琉球大学農学部亜熱帯生物資源科学科の教授を長年務められており、サトウキビ・黒糖のみならず沖縄有用植物の栄養・機能性探索、利用工学の大家です。

和田先生も尚先生と同様に沖縄の長寿県からの脱落は大きな社会問題として捉え、沖縄の伝統食を「古き良き」とし、“くすいむん”の伝統に立ちかえる必要があると提唱しています。“くすいむん”とは沖縄の方言で「食は薬」、

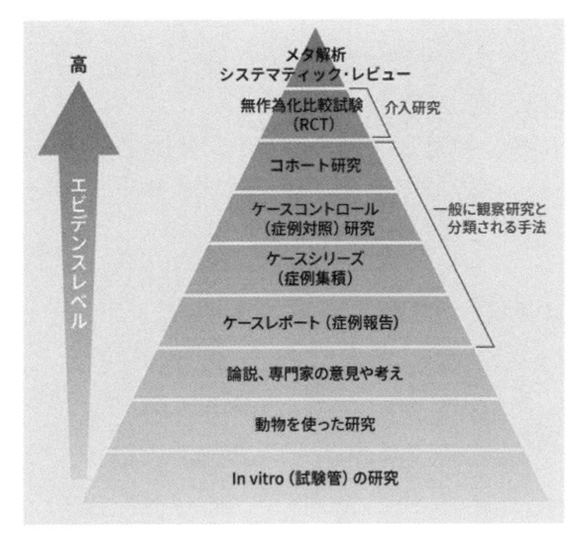

図 3-2

・機能性食品研究のエビデンスの信頼性
・下から上へ信頼性が上がっていく
・細胞、試験管反応は下位のエビデンス
・何らかのヒト試験の実施は必須と最近は考えられ始めている

出典：J-MILK HP

すなわち「医食同源」の思想です。

和田グループの仕事を下記表 3-4 にまとめます。

1、2 は機能性の指標成分候補であるポリフェノール類の同定、含量測定実験です。抗酸化能を持つポリフェノールは同定されましたが、まだ規格化（原料中にどのぐらいの指標成分が含有しているのかの保証値）をするまでには至っていません。

表 3-4　和田グループ業績紹介

	試験内容・結果概略	論文
1	黒糖成分からの抗酸化物質を単離することに成功し、そのほとんどがポリフェノールであった 中には強力な抗酸化物質ビタミンＥと同等の活性を示したものも見いだせた	荻他（2008）
2	複数の工場のサトウキビ搾汁液及び黒糖のポリフェノール含量の測定実験を実施 工場間差、工程での歩留まり報告	広瀬他（2019）
3	黒糖内に移行しているサトウキビ表皮のワックス成分（植物外的刺激保護成分）の中でポリコサノールの多様な生理活性（肝機能改善、悪玉コレステロール低減など）が報告されている そのポリサコノールの製糖工場別含量、工程毎の減衰を明らかにした	Y.Asikin et al.（2008）
4	ウズラを用いた黒糖の抗動脈硬化作用に関する報告 ウズラに高脂肪食とともに黒糖もしくは白糖を与える 高脂肪食と各試験食を１２週間観察投与 白糖ではほとんどのウズラが動脈硬化を発症していたが黒糖群は動脈硬化の程度が低かったことが観察された またそれはフェノール化合物の効果であることが示唆された また血清中の抗酸化力も有意に高かった	T.Okabe et al.（2009）

後で述べますが、高機能（差別化）黒糖を生産しようとした場合にはその「機能（差別点）の規格化」が避けては通れない課題です。この 1、2 及び 3 の結果は高機能サトウキビの選抜、黒糖製造方法に関する研究の必要性をまさに示したものです。

次に 4 です。2009 年に発表された黒糖の抗動脈硬化作用に関する報告です。

動脈硬化は心筋梗塞、脳血管障害の原因となり、血清中性脂肪や LDL コレステロール（悪玉コレステロール）値の上昇が危険因子となっています。これは酸化ストレスも増悪因子として考えられています。血清脂質の酸化変性により血管が細くなり梗塞が引き起こされて血流が止まり、その先の組織が酸欠で壊死します。

和田先生は黒糖の動脈硬化低減効果をモデル動物で検証しました。結果、表に示しました通り良好な結果を得ました。また重要なことですが、試験中重篤な副作用は観察されませんでした。

和田先生の論文では対象に白糖をおいていますのでこの効果は黒糖の非ショ糖成分の有効性となります。限定された条件でのモデル動物を用いた試験ですが、これが“黒糖力”です。

【抗酸化とは、ポリフェノールとは　少し詳しく】

酸素、これは我々（好気性生物）が生きていくために必要な物質です。我々は生きて、動いて、体温を維持するために必要なエネルギーを創り出しています。体内でも酸素が燃焼を助けエネルギーを創り出しています。燃焼と言っても高温の火ではなくエネルギーを作る化学反応のことです。

酸素が無いと燃焼が起こらないのは体内も体外でも同じです。焚火は酸素が無くなれば消えるように生体も酸素が無くなれば死に至ります。

生体内外で燃焼を助ける酸素は反応性が高い分子ですぐ不安定になります。不安定な状態の酸素を活性酸素と呼びます。活性酸素は自身を安定させようと他の分子・物質を変性させます。それを酸化と呼びます。

生体内で産生された活性酸素は、体内に侵入する病原体に対して酸化殺菌作用を示すなど善玉としても働きます。しかし悪玉として酸化反応の連鎖が続き大切な細胞、組織を痛めつけることがあります。

その反応を止めるのが抗酸化作用を持つ物です。抗酸化作用を持つ物質は容易に相手に電子を与え還元させ安定化させる力を持っています。抗酸化物質というのはこのような性質を持ったものの総称です。

動脈硬化、血管性脳障害、ガン、白内障、そして様々な老化も活性酸素による細胞、組織の酸化ダメージに起因する場合があるとの研究も多くあります。

地球の生物の進化の過程で植物が光合成能を獲得して酸素を大量に放出し、大気の 20% が酸素になりました。そして活性酸素も生まれました。

その酸素をうまく利用できるものが勝ち抜いて今の生物界に到達しています。

善玉、悪玉両側面を持つ不安定な酸素；活性酸素をうまく処理する抗酸化能力を進化の過程で身に付け保有しているということになります。

我々の体内に存在するグルタチオンとかスーパーオキシドジスムターゼ、カタラーゼなどが有名です。また食品中のビタミンA、C、Eも抗酸化物質です。

そして植物由来の抗酸化物資の代表格がポリフェノールとなっています。ワイン、カカオ、リンゴなど様々なおいしい食品にも含まれていますので皆さま名称は御存知だと思います。

このような背景から「抗酸化」は機能性食品の大きなキーワードとなっています。喫煙、紫外線、過度な運動などで活性酸素が多く発生します。そして高齢化に伴い、活性酸素に起因する病態が増えてきています（図3-3）。そのような中で抗酸化物質の必要性認識が広まったこと、そしてその代表格のポリフェノールが身近な食品に多く含まれていること。この３拍子がそろった時代なのだと思います。

ではポリフェノールが抗酸化物質として何故体に良いか、そのメカニズムに関しては諸説あります。試験管の中では確かに「抗酸化」機能を発揮するのは事実

図3-3　活性酸素と疾患

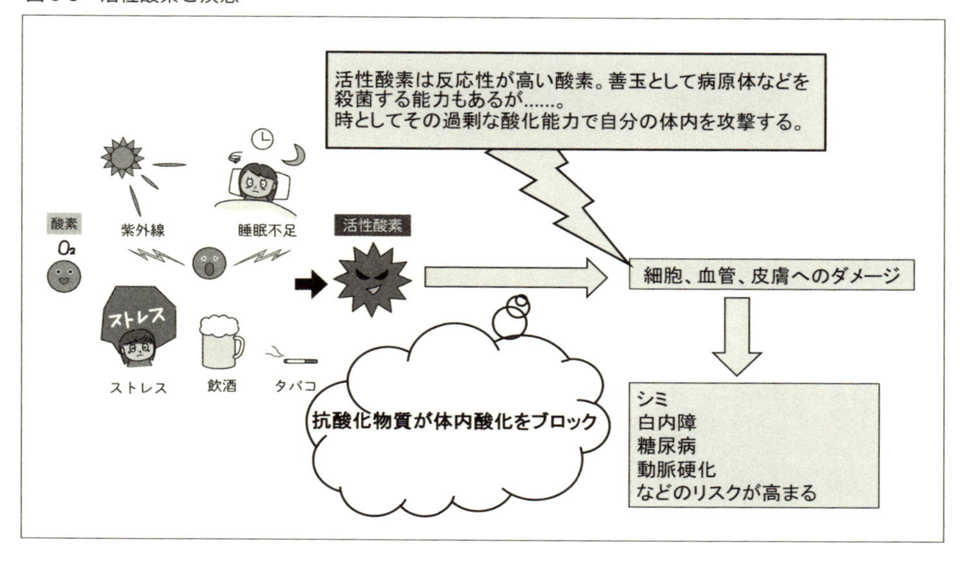

ですが、人体の中ではどうなのでしょうか？　ちゃんと消化・吸収されて目標の器官・細胞に届くのでしょうか？　ビタミンCとかEとかと比較してポリフェノールは吸収されにくい側面もあり、必ずしも吸収されて生体組織内で直接的に活性酸素を捕捉安定化させるのみではなく、例えば十二指腸で消化酵素を阻害し脂肪の吸収を抑えたり、大腸の善玉菌の働きを助けたりしていることも判明してきました。

　これらの多岐にわたる作用点がポリフェノールの機能性の広がりにつながっているものと考えられます。

わずか 5g、20kcal のパワー　——黒糖を食べてストレス緩和

　食品でもヒトを対象とした試験がエビデンスレベルの高い試験として求められる時代です。特定保健用食品、機能性表示食品などはヒト試験が必須となっています。次に御紹介する金城先生（和田グループ）の一連の仕事はそのヒト試験で黒糖の「抗ストレス作用」を検証した大変貴重な研究です。

　ストレスは様々な外的刺激（ストレッサー）から引きおこされます。そのストレッサーには環境的要因（寒暖、天気）、身体的要因（病気、睡眠）、精神的・社会的要因（人間関係、仕事）などがあります。そしてストレスにより様々な反応が身体に生じます。心理面では集中力の低下、抑鬱状態など、身体面では頭痛、眼精疲労、動機や息切れ、不眠など、行動面では飲酒・喫煙の増加、仕事のミスや事故の増加などです。これはどなたも経験されていることだと思います。

　現代は情報量が多く、生活のスピード感が上がり、なおかつ正確性が求められます。またコンプライアンス重視で対人関係に気を遣う場面が多く、ストレッサーは増え、強くなっています。

　このようなストレッサーにより体内の内分泌系、交換神経系が反応してストレスが引きおこされます。適度なストレスは心身の活性化のために必要ですが、それが過剰になると疾病の原因にもなります。また過剰な刺激が活性酸素を発生し、それが続くと組織を攻撃、慢性疾患（老化、ガン）の原因因子となります。

　人間は自然にこのストレスを食品の摂取でも回避しようとしています。

古くからハーブティーなどを飲むのはその効果を期待しているからです。イチョウ葉エキス（フラボノイド配糖体等のポリフェノール含有）とかセントジョーンズワートなどはストレス症状の緩和をさせるという研究報告があります。

今後益々、食によるストレス緩和は健康生活力向上のために必要な機能領域になることと思います。スポーツ、勉学の際のストレスの緩和もそのパフォーマンスアップのためには必要です。

社会人のリスキニングのための生涯学習が求められる時代、またスポーツアイランド沖縄の名実化のためには素晴らしい研究領域だと思います。

では金城先生のヒト試験の内容と結果を紹介します。

参加者13名（男子４名、女子９名）に対して黒糖の抗ストレス効果を検証しました。

なお本試験は琉球大学臨床研究倫理委員会の審査の元に行われています。

参加者はストレス負荷として内田クレッペリン検査という計算問題を行ってもらいました。この検査は簡単な一桁の足し算を既定の時間連続して行いストレス（作業負荷）を与えるものです。今回は15分間の計算を実施しました。

ストレスに関する内分泌的測定は唾液を用いました。唾液には様々なストレス関連物質が分泌されていることが知られています。今回はコルチゾール、デヒドロエピアンドロステロン、テストステロン、α-アミラーゼ等を分析しました。

精神的評価にはVASとPOMSという主観的評価方法を用いました。

VASはVisual Analog Scale。参加者のストレス度合いを0~100の間の直線上のどの位置であるか主観的に印をつけてもらう試験です。POMSは心理的アンケートです。気分プロフィール検査（Profile of Mood States）の略です。「緊張」「抑うつ」「疲労」「混乱」「怒り」の５つのネガティブ因子と「活力」のポジティブ因子の６つの気分尺度を評価しました。

そして試験食は多良間産の黒糖5gを用いました。

ストレス負荷（内田クレッペリン）の前もしくは後に黒糖を摂取。負荷の前後にVAS、POMS、唾液採取を実施しました。またコントロール試験として

図 3-4　①ストレス負荷試験内容

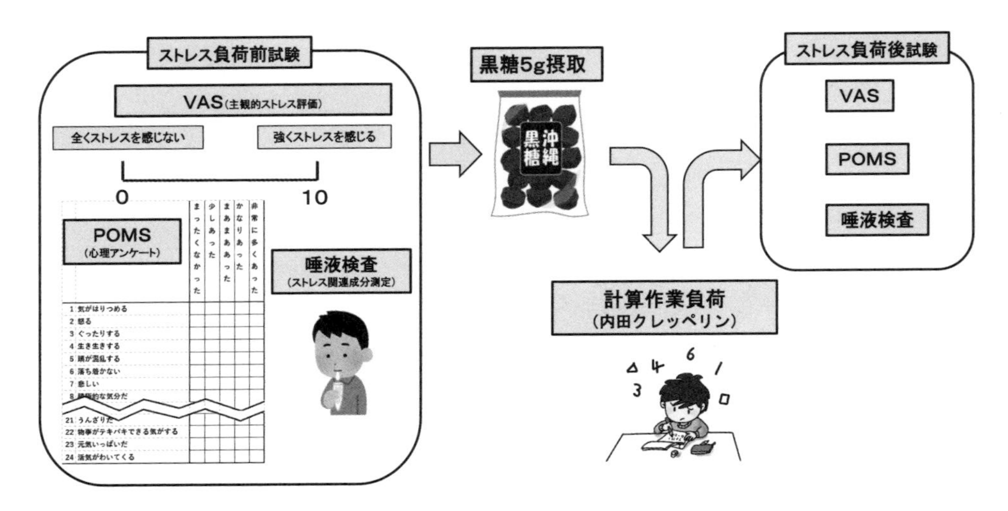

黒糖を摂取しない実験も行いました（図3-4①）

以下、結果です。

まず唾液検査ではストレス負荷前摂取の場合、良好な抗ストレス効果が確認されました。コントロールと比較してストレス負荷後にストレス成分の低下が観察され、特にα - アミラーゼは有意に低下しました。

今回は黒糖を食べない試験は実施していますが、ショ糖での試験はなされていません。よってショ糖の滋養強壮効果ではとの疑いは完全には払しょくできません。ただし、黒糖摂取後 15 分で抗ストレス効果が観察されたことはショ糖の消化吸収スピードと比較して早く、非ショ糖成分の効果と推察できると結論付けています。“ 黒糖力 ” です。

次に VAS・POMS の結果です。

VAS の評価に関してはストレス負荷前に黒糖を摂取した試験で有意にストレス低減が観察されています。これは主観的な評価試験ですので「黒糖のストレス低減の体感」を得られたことを意味します。

また POMS において負荷前摂取において「抗うつ」「混乱」のスコアは有意に低い値を示しました。また「活力」のスコアが高まりました（図3-4②）。

図 3-4　②ストレス負荷試験内容

ストレス負荷前の黒糖摂取は負荷後のネガティブな精神状態を改善の方向へ、そしてポジティブな精神状態の低下を防止の方向へ持っていく力、抗ストレス効果があることが示唆された。ストレス緩和効果が本試験では確認できた。

結果詳細　以下いずれもストレス負荷前の黒糖摂取により

●ＶＡＳ（主観的ストレス評価）

有意にストレス低減が観察された。

この試験では統計的に"体感"としてストレス低減が感じられたことを意味している。

●ＰＯＭＳ（心理アンケート）

"抗うつ"、"混乱"のスコアは有意に低かった。また"活力"のスコアが高まった。

●内分泌マーカー

摂取しない場合と比較してストレス成分の低下が観察、特にα-アミラーゼは有意に低下した。

留意事項

●本試験は白糖を比較対象として実施していないが、
動物試験等より有効成分は黒糖成分（糖蜜成分）と類推している。

●ストレス負荷後の黒糖摂取には本効果は観察できなかった。

このことからストレス負荷前の黒糖摂取は負荷後のネガティブな精神状態を改善する力、そしてポジティブな精神状態の低下を防止する力があることが示唆されました。論文ではこれをストレス緩和効果と呼んでいます。

この試験は黒糖の効果を白糖の効果と直接比較した試験ではありません。が、効果発現の時間軸より非ショ糖成分（＝黒糖力）がその有効成分であるのではないかと結論付けられています。

残念なことにストレス負荷後の黒糖摂取による抗ストレス効果：リラックス効果は観察されませんでした。

今後、さらに深堀した研究が進捗することを期待しています。

金城先生はさらに動物を用いて、この抗ストレス効果の有効成分を追求しており、非ショ糖成分にその活性が高いことを見出しました。そしてその中の期待される成分としてフェノール化合物に注目して実験を行いました。その結果、黒糖中の複数のポリフェノールがストレス物質の生産を抑制することを示しました。またそれらは生体内で活性酸素の消去作用があることが示唆されました。

あわせて血清及び肝臓中で実際に脂質酸化予防効果があったことも観察され

ました。すなわち、摂取した黒糖が期待通りに酸化ストレスの解消に役立っている可能性を証明しました。

これで金城先生の一連の研究の紹介を終わります。

この本を執筆するにあたり、指導教官の高橋誠先生に取材をしました。

先生曰く「白糖との比較試験はしていませんが動物試験で非ショ糖成分（黒糖力）に効果があることは明確で、その試験の再現性は高い」とのことです。

今後の研究でこの抗酸化ポリフェノールのさらなる追求と機能性原料としての黒糖の規格化ができれば次のステージに移行できると期待しています。

以上が琉球大学を中心とした研究の流れです。

1980 年代の成人病（血圧、脂質代謝）に関しては尚先生、それを受け継ぎ 2000 年代の活性酸素・抗酸化への広がりを和田先生、そして時代の要求で抗ストレスを金城先生・高橋先生と連携した研究成果、この歴史的資産を有効に活用したいものです。

黒糖は健康に良い糖であることは御理解いただけたと思います。「糖」である心理的短所を克服して長所を伸ばす、その“黒糖力”をどうトータルマーケティングに生かすかを次項から考察します。

7.“黒糖力”その商品化デザイン

この章においては“黒糖力”のデザイン案に関して説明したいと思います。

デザイン（design）とは「目的をもって具体的に立案・設計すること」という意味があります。

商品開発は商品の価値と生活者の価値を同化させるデザイン力で成否は決まると思います。機能性食品はその機能を担保する要素が入ります。

沖縄黒糖の商品力強化のためには生活者視点での価値再定義が必要です。

おいしさ、用途拡大の方向性は第 2 章で分析、提案させていただきました。ここでは機能性の積極的な打ち出し方に関して考えてみたいと思います。

ここに沖縄黒糖関係者にとってはショッキングな＆喜ぶべきニュースがあります。2024 年 1 月 27 日奄美新聞社配信の黒糖の機能性に関する速報です。

〈鹿児島県黒砂糖に「がんリスク低減効果」？　約14年間奄美の5000人追跡　アジア太平洋学術誌で発表　日本の多機関共同研究〉という記事です。

奄美群島の皆さん5004名を10年以上追跡調査した結果、黒糖摂取とガン発症との関係が明らかになり、黒糖摂取が多い方（一日１回以上）の胃ガン発症の危険率が70%低減した等のガンリスク低減に関する観察研究の成果です。

この研究は文部科学省がん特定領域研究の枠組により、2005年にガンを始めとする生活習慣病リスクに対する生活習慣を含む環境要因と個々人の遺伝子の差異の相互作用を検討する10万人規模の観察研究の目標を掲げスタートした大規模疫学研究です。10万人規模の生活者の日常生活を10年以上モニターし、その食事、生活習慣（運動とか飲酒とか）と疾病（特にガン）との関係を統計解析により証明しようという研究です。

鹿児島大学がこの研究に参画し、「黒糖とガン」に関する関係を明らかにしました。この研究は対象者に黒糖を試験のために摂取させたわけではなく、日常食生活の観察による因果関係の整理ですのでより説得性があります。先のエビデンスピラミッド（図3-2）でもかなり上位に来る科学的論拠です。

記事の元となる論文も読んでみました。非喫煙者・喫煙中止者の肺ガン罹患リスクの低減が黒糖摂取者において観察されたことも嬉しいことです。

私のもう１つの個人的な驚きは、奄美の60歳以上の方約1800名のうち57%の方が毎日黒糖を食べていることです。図1-10に示しました通り、沖縄で毎日黒糖を食べてられる方は5%にすぎません。

これはまた別の機会に深堀りしたいと考えています。奄美新聞の記事、鹿児島大学の論文は参考文献に記載しています。興味がある方は是非読んでみて下さい。

この効果は黒糖力訴求のベースと考えた方が良いと思います。野菜でもある種のガンの予防効果があるとの調査結果があります。健康素材にはこのようなガンリスク低減効果が示唆されるデータが徐々に揃ってきています。疾病に対する深刻度から考えて、この領域を過度に訴求すると適正医療の妨げになります。疾病の診察・治療機会の不要論は禁句です。

その前提で機能性食品として何をどう打ち出すべきなのでしょうか？　様々

な期待できる効果を説明してきました。「健康糖」として広く健康を訴求することも戦略の１つです。しかし健康に良い食品があまたある中で、それはあまりにも伝達力が弱く、もっと価値の明確化が必要です。いかに生活者が納得する効果感、体感を感じる、そして科学的に本当に効果がある商品に仕上げるかの商品デザインです。

今まで黒糖の機能性に関しては古典的には便通改善、皮膚保護、滋養強壮の効果があると言われてきました。

近代生理学的研究では、中性脂肪、コレステロール低下、Na 排出機能（血圧調整）、糖代謝改善、骨代謝改善、貧血改善、皮膚保護、美白、整腸、免疫賦活、抗うしょく、ストレス改善、そしてガンリスク低減が報告されてきていることはお示しした通りです。

しかしながら研究の深さはまちまちです。ヒト試験で証明されたものは抗ストレスのみと把握しています（除く鹿児島疫学調査）。

次にある程度研究が進んでいるもの（研究の質、研究の量）は、高脂血症関連だと思います。

次の判断基準は、黒糖との相性です。あまたの既存機能性食品、健康食品の中で生活者に受容されている商品はその食品の本来のイメージとマッチしたものであることは理解していただけると思います。例えばヨーグルトの整腸、お茶の高脂血症です。これらは「明らか食品」と言われている通常の食品に機能性を付与した場合です。

黒糖は当然糖類ですので生活者が違和感無く摂取できるのは免疫賦活、抗ストレスの分野ではないでしょうか。ベタな言い方ですが、糖を取ると体が元気になる共通感覚から容易に類推できる機能性です。

高脂血症、血圧、抗うしょくなど抗酸化作用を利用した機能領域での商品化はどうでしょうか？　糖類の食品との相性が悪いと感じます。またそれらの領域は継続摂取での効果発現となりますのでそのこともネガティブ要因と考えます。

次に競合。機能性食品の市場は３兆弱と巨大な市場です。その中でどこの機能領域を狙うのかは大事な選択です。

残念ながら“黒糖力”は糖による栄養としての効果と抗酸化作用による効果

表 3-5　黒糖の担うべき機能性領域比較表

	エビデンス	黒糖との相性		競合	ヒト試験の難易度
	◎～○:ヒト試験 △:動物試験 ✖;試験管内試験	イメージ	単回で効果を期待できるか	✖:参入障壁高 △:策あり	H:高 M:中 L:低
①高脂血症の抑制	△	✖	✖	△	M
②血圧上昇抑制	✖	✖	✖	△	M
③糖尿病予防	△	✖	✖	✖	M
④骨代謝改善機能	✖	✖	✖	✖	H
⑤貧血防止機能	△	○	△	△	M
⑥皮膚保護、美白	✖	△	✖	△	L
⑦整腸	✖	△	✖	✖	M
⑧免疫賦活	✖	○	✖	△	H
⑨抗うしょく	✖	✖	△	✖	L
⑩疲労・ストレス改善	**○**	**○**	**○**	**△**	**L**
⑪ガンリスク低減	◎	△	✖	△	H

の領域であり、競合がひしめき合っています。

ただ、先に述べた「共通感覚」から抗ストレスの領域は「効果」と併せて「強い効果感」で価値訴求できると判断します。

それらをまとめると表3-5となります。表を見ると一目瞭然ですが、まず抗ストレスがお勧めの機能性訴求と判断すべきです。

初期のレベルですが、ヒト試験が実施されていることと併せて、先に述べた体感を感じやすいこと、単回（一回）の摂取で機能の発現が期待できること、わずか5gでその効果が期待できることがその理由です。ヒト試験は継続摂取が不要なため実施のハードルが比較的低く、今後の研究深耕の際の大きな利点となります。

また沖縄は暑熱厳しい環境で様々なストレス要因があります。さらにスポーツアイランド沖縄としてのスポーツストレス緩和食品としての醸成は地域施策への適合性があります。より有利な機能領域ではないでしょうか？

ただし、強い“黒糖力”を発揮させるためには越えないとならない壁が２つあります。１つが「規格化」、もう１つが「機能性表示」です。

その戦略を立てて、研究、生産（サトウキビ、黒糖そのもの両側面）を再構築する必要があります。

【それ以外の機能性領域　少し詳しく】

中国には黒糖が女性健康領域（フェムテック）に黒糖（中国では紅糖）が良いという考え方があります。産後の肥立ちを良くする、生理痛を鎮めるという伝承があります。紅糖茶（黒糖と生姜配合の飲料）を生理痛予防に飲んでいます。日本でも中国食材店で見かけます。

これは古来より黒糖が「貧血に効く」と言われている領域です。黒糖の鉄分＋ポリフェノールの血流改善の作用なのかもしれません。ところが私の調査不足なのですが明確な科学的裏打ちを見つけ出すことができませんでした。うちなーんちゅ女性でもその認知はほとんどありません。よって、今回は候補から外しました。しかし薬膳の概念では明確に定義されています。

社会的重要度が増す中、今後深堀りしないといけない領域だと感じています。

まず規格化

まず規格化です。機能性を標榜する、その機能を何で保証するかは非常に重要な商品デザインになります。原料選択等の重要な要素です。

黒糖の優位性である「８島における味のバリエーション」は裏返すと組成成分のばらつきに結び付いています。今までの研究から黒糖力の主成分を黒糖ポリフェノールとして訴求することは問題ないと考えます。しかしそのポリフェノールの種類・含量がまだ規格となっていません。

まずは主たる有効成分がどの種類のポリフェノールなのかの定義が必要です。次に寄与率（有効成分と定義したポリフェノールが効果の何パーセントに寄与しているのか）の推定・量の安定化技術開発を始めないといけません。毎回測定することは手間と費用の面で厳しいと考えますが、他天然原料の事例では年４回程度のモニタリングをしています。沖縄黒糖もデータの蓄積を開始し、モニタリング適正頻度を割り出す必要があります。

機能性表示取得を目指して

食品の機能をパッケージに正しく標榜する場合、健康増進法もしくは食品表示法で規定されている特定保健用食品もしくは機能性表示食品として発売することが必要です。特定保健用食品は有効性や安全性について国が審議を行い、消費者庁長官が許可を与えた食品です。機能性表示食品は、有効性や安全性の根拠に関する情報等を消費者庁へ届け出ることで、事業者の責任で機能性の表示をする食品です。

それぞれ定められた範囲の機能表示が可能となっています。

私はまずは機能性表示食品の取得を目指すべきと考えます。実際に届け出るかどうかよりも、その方向で総合的な開発研究することがエビデンスのしっかりとした沖縄黒糖の開発につながるからです。

機能性表示届出にも年月が必要です。まずは最初の一歩から、関係者の一致団結が必要です。

機能性表示食品ではその関与成分（主たる機能性を担保する有効成分）を規格化しないといけません。それは前項で申し上げました。

次にそもそもの商品設計です。“黒糖力”訴求の商品の場合、考えられる商品は「黒糖」そのものか「非ショ糖成分＝糖蜜利用食品」です。

「黒糖」そのものを商品とするのが順当なことは当然です。しかし糖類などの栄養素は現状では制度の対象外となっていますので、制度改革を働きかける必要があります。

「糖蜜」を関与成分とした場合、この場合は制度に則していると考えられます。反対意見が多いような予感もします。しかし糖蜜の成分調整は可能ですし、開発スピードも上がる可能性もあります。

どちらを商品とするかの議論・働きかけの工夫が必要です。

生鮮食品も機能性表示が可能です。そのために農水省では相談窓口を設けています。生鮮食品の価値向上を国として進めているからです。アボカド、温州みかん、ケール、バナナ等、2024年２月現在で200品近い生鮮食品が届け出を行っています。

生鮮食品の届け出書類を読んでいると関与成分の分析、品質保証、安全性に関して一定の指標を設けていることが読み取れます。これは官民で協業して生鮮食品という成分のばらつきが多い、でも伝統的な安全な食品を機能性表示食品レベルまで引き上げようとする努力の成果ではと考えさせられます。

継続的なコミュニケーション

機能性を担保する場合、まだまだ継続的な研究活動が必要です。和田先生のグループの仕事をさらに展開する必要があります。そのためには研究戦略を構築する必要があり、その機運を作る必要があります。

また、広く沖縄内外に黒糖の機能性の魅力をアピールし、普及啓蒙させる努力も必要だと思います。

他の機能性素材でも行われているような「研究会」を作るもの1つの手だと感じています。現在は学術的な「黒糖研究会」は開催されていません。その研究会で黒糖の価値向上の研究発表や方向性の討議を行い、行政、マスコミ、アカデミア、工業者、生産者一体となった意識向上を図るべきではないかな、と僭越ですが感じてしまいます。

かつては健康に対してあまり良い印象を持たれていなかったチョコレートも日本チョコレート・ココア協会の努力で毎年シンポジウムを開催しています。栄養、機能、おいしさに関する学術発表を行っています。

1995年からスタートして2024年2月が28回目でした。継続的に開催することにより、カカオポリフェノールが健康の味方であり、健康やリラックスに有益であることが認知されました。そして機能性食品開発にもつながりました。チョコレートの価値を単なる「甘いもの」から「健康価値の高い食品」に変化させました。

黒糖は内閣府が主管官庁です。まず内閣府との協業体制を取り、再活性化の動きを作るべきだと思います。

「沖縄県産黒糖需要拡大・安定供給体制確立実証事業」という事業が内閣府にあることは皆さんご存知だと思います。例えばこのような実証事業で「黒糖力新価値創造」のようなタイトルで長期スパンでの試験をうちだせないでしょうか？

規格化－それに伴った生産体制構築の流れ、規格化―それに伴った機能性に関する試験の深耕の両側面でまず開始する必要があります。両側面にめどがついたところでヒト試験での効果実証を行い届け出となります。必要な年月は最低で５年。

砂糖摂取に関して様々な考えがあります。ロカボ、低糖質ダイエット、マクロビなど。これらの健康哲学、生活スタイルを否定することはできません。また病態の方の摂取に関しては再三申し上げていますが医師の指導が必要です。ただ健常者に関しては良質で即効性がある栄養素、脳の栄養素の素である黒糖の適量摂取は逆に推奨すべきではないでしょうか？　機能性はそのための付加価値とも考えられます。

世界保健機関（WHO）は2015年、ガイドライン「成人及び児童の糖類摂取量」を発表しました。

新ガイドラインは、成人及び児童の１日当たり遊離糖類摂取量を、エネルギー総摂取量の10%未満に減らすよう勧めています。また5%まで減らして、１日25g（ティースプーン６杯分）程度に抑えるなら、更に健康効果は増大すると述べています。

遊離糖類摂取量をエネルギー総摂取量の10%未満に抑えるなら、過体重・肥満・う歯（虫歯）のリスクを減らせる明確な証拠があると考察しています。なおこのガイドラインは、生鮮果実・野菜中の糖類及び乳中に天然に存在する糖類を対象に含めていません。これらについては、摂取による有害影響を裏付ける証拠がないためとしています。

前の項で申し上げました通り、黒糖5gで抗ストレスの効果が出ています。これは十二分にWHOガイドラインの中に入る数字です。

まさに飴玉一個分での黒糖力です。

沖縄黒糖を“黒糖力”で再活性化できる可能性は大いにあります。

【参考文献】

『黒糖バンザイ、体調を整え、疲労も回復』 和田浩二　現代農業　(2012)

『植物はなぜ薬を作るのか』 斉藤和季　文春新書　(2017)

『ディオスコリデスの薬物誌』 小川鼎三他編集　エンタプライズ（株）(1983)

『國譯本草綱目第九冊』 李 時珍 著 木村 康一 新註校定代表 春陽堂書店　(1979)

『御膳本草 (復刻)』 當間清弘編集　(1961)

『熊本大学薬学部ＤＢ』 https://www.pharm.kumamoto-u.ac.jp/yakusodb/detail/006444.php

『料理沖縄物語』 古波蔵保好　朝日新聞社　(1990)、講談社文庫（2022）

『沖縄の食文化』 外間守善　ちくま学芸文庫（2022）

『砂糖の事典』 日高秀昌他編　東京堂出版（2009）

『シュガーロード』 明坂英二　長崎新聞新書 (2002)

『Health effects of non-centrifugal sugar (NCS): a review』Walter R Jaffe´ Sugar Tech.14 (2012)

『Nutritional and functional components of non centrifugal cane sugar: A compilation of the data from the analytical literature』 Walter R. Jaffe´ * Journal of Food Composition and Analysis 43 (2015)

『黒糖の科学』 沖縄問題研究シリーズ第 77 号 （財）沖縄協会　(1983)

『美味しんぼ 28』 雁屋哲　花咲アキラ　小学館　(1991)

『沖縄ぬちぐすい事典』 尚弘子監修　プロジェクトシュリ　(2002)

『暮らしの中の栄養学』 尚弘子　ボーダーインク　(2008)

『令和２年都道府県別生命表の概況』 厚生労働省ＨＰ

『白ネズミの血清コレステロールおよび血清トリグリセリドに及ぼす砂糖の影響』 尚弘子他　栄養と食糧　(1972)

『砂糖食摂取白ネズミの血清コレステロールおよびトリグリセリド値に及ぼすトコフェロールの影響』尚弘子他　(1977)

『Effects of Okinawan Sugar Cane Rind on Serum and Liver Cholesterol and Triglyceride Levels in the Rat』 H. SHO e t al. J. Nutr. Sci. Vitaminol. (1981)

『Separation and Partial Purification of Wax and Fatty Alchool from Okinawan Sugar Cane Rind Lipids』 H. Sho et al. J. Nutr. Sci. Vitaminol. (1983)

『Effect of Okinawan sugar cane wax and fatty alcohol on serum and liver lipids in the rat』 H. Sho et al. J. Nutr. Sci. Vitaminol. (1984)

『沖縄産甘蔗成分の白ネズミ血清および肝臓脂質に及ぼす影響』尚弘子　博士論文 (1982)
『沖縄産黒糖に含まれるフラボン配糖体』 荻貴之他　沖縄県工業技術センター研究報告書（2008）
『黒糖製造期間中におけるサトウキビ搾汁液の成分変動と黒糖品質の関係』 広瀬直人他　日本食品保蔵科学会誌　(2019)
『沖縄産純黒糖の抗酸化能と糖類分解酵素阻害活性』 前田剛希ら
沖縄県工業技術センター研究報告書　(2008)
『Determination of Long-chain Alcohol and Aldehyde Contents in Non-Centrifuged Cane Sugar Kokuto』 Y. Asikin et al. Food Sci Technol. Res. (2008)
『Antiatherosclerotic Function of Kokuto, Okinawan Noncentrifugal Cane Sugar』T. Okabe et al. J. Agricultural and Food Chemistry (2009)
『沖縄県特産物の機能性成分と加工利用に関する食品化学的研究』 和田浩二　日本食品保蔵科学会誌　(2011)
『サトウキビバガスおよび搾汁液抽出物中のフェノール化合物組成』 髙良健作他　日本食品保蔵科学会誌 (2021)
『生体における活性酸素・フリーラジカルの生産と消去』 今田伊助ら　化学と生物 (1999)
『食事由来ポリフェノールの機能性研究の展望と社会実装化ポリフェノールの摂取目安量の策定へ向けて』 寺尾純二ら　化学と生物　(2021)
『黒糖の抗ストレス作用と作用成分の解析』 金城由希子　博士論文　(2020)
『Effects o f p-Hydroxybenzaldehyde and p-Hydroxyacetophenone from Non-centrifuged Cane Sugar, kokuto, on Serum Corticosterone, and Liver Conditions in Chronically Stressed Mice Fed with a High-fat Diet』Y. Kinjo et al. Food Science and Technology Research (2020)
『Effects of Oral Intake of Noncentrifugal Cane Brown Sugar, Kokuto, on Mental Stress in Humans』M. Takahashi et al. Food Preservation Science (2017)
『運動時のエネルギー代謝と糖質制限食』 東田一彦　砂糖類・でん粉情報 (2021)
『おいしさと食行動における脳内物質の役割』 山本隆　顎機能誌 (2012)
『ＷＨＯ　砂糖のガイドライン』HP
https://iris.who.int/bitstream/handle/10665/149782/9789241549028_eng.pdf?sequence=1co.jp/2024/01/26/48308/

『Association between brown sugar intake and decreased risk of cancer in the Amami islands region, Japan』 K. Miyamoto et al. Asia Pac J Clin Nutr (2023)

『日本多施設共同コーホート研究』HP https://jmicc.com/

『ガンと野菜摂取の関係』 https://epi.ncc.go.jp/can_prev/evaluation/7880.html

『H・Bフーズマーケティング便覧』 富士経済 (2002)

『中国における医食同源について』 田中達郎監修 食品と化学 (1989)

『生鮮機能性表示食品相談窓口』 農水省HP
https://www.maff.go.jp/j/syouan/kinousei/soudan.html

『農林産物の機能性表に向けた技術的対応について』 農林水産省HP
https://www.affrc.maff.go.jp/docs/kinousei_pro/pdf/150824_reference_fix.pdf

『日本チョコレート・ココア協会』HP http://www.chocolate-cocoa.com/

取材メモ

沖縄島
和田浩二さん　琉球大学教授

（2023 年 10 月　西原町）

沖縄黒糖本の出版企画にあたり、まずは黒糖機能性の大家、和田教授に御挨拶。副理事、副学長も兼務されておられるとのこと、気難しかったらどうしようかとかなり緊張し、出版企画書も丁寧に準備。
まずは御挨拶と自己紹介。気さくなお人柄で安心しました。なおかつ同年齢。タメでした。
様々な論文の感想を申し上げ、違和感なく討議できました。それが本書の第３章の骨格にもなっています。沖縄黒糖は規格化がなかなか難しいがポリフェノールを有効成分の指標として考えるのが筋ではあること、抗ストレス試験は唯一のヒト試験であり、応用の価値が高いこと、糖であるので生活者のネガティブ意識がかなりあること、全部の黒糖を規格化は非現実的なのでプレミア黒糖を創出するのはどうか、などなど。
ありがとうございました。
先生とのディスカッションから自信を持って取材の旅が始まりました。
沖縄黒糖機能性普及のため、今後とも御協力よろしくお願いします！（な）

沖縄島
高橋誠さん　琉球大学准教授

（2023 年 12 月　西原町）

沖縄へ取材に行きます。先生の黒糖抗ストレス試験に関してお話をお伺いしたいのですが。ついては 12 月某日しか時間が取れません、何とかならないでしょうか？と遠方取材の図々しさ、ピンポイントの時間指定で無理やり OK をいただき、講義の合間にお会いできました。感謝です。
現代的な手法でのヒト試験でポジティブな結果が出て、ものすごく価値があるものだとのお話しでした。ヒト試験は一回のみ、しかし動物試験での再現性は確かなこと、機能性成分は黒糖生産過程での生成物であるリグニン分解物やメラノイジンも可能性としてあるが、動物実験結果から考察するとポリフェノールと考えることが合理的であること、などなどお話ししていただきました。
この研究の流れを絶やすことなく、次の試験実施に興味を持っていただける事業者を探し出すこと、これは書籍発売後の我々の役割だとこの原稿を書きながら思っています。その際はまた御指導よろしくお願い致します。
先生はマラソンランナーで、実体験を交えてのスポーツ栄養の話も興味深いものがありました。スポーツアイランド沖縄の黒糖ベーススポーツフード開発なども語り合えたら嬉しいです。（な）

第４章

沖縄黒糖、その社会的意義

――社会にとって黒糖はなぜ必要なのか

南大東島　製糖工場の煙突
（写真提供 大東糖業株式会社）

はじめに

これまで、第２章で「おいしさ」、第３章で「健康機能」の価値について考えてきました。どんな商品や素材も「おいしさ」「健康機能」といった具体的な価値でお客様を満足させなければ、淘汰され、いずれは消えゆく運命にあります。一方で近年、商品は「お客様個人が満足すればよい」だけではなく、「社会にとって必要とされる」という、「社会的意義」が重要になってきました。「社会的意義」は、「おいしさ」「健康機能」と同様の商品価値の１つです。日本の社会では、かつてはこの種の社会的意義を声高に言うことが、なぜかはばかられる傾向にあったようです。しかし、お客様が社会的意義を重視するこれからの時代、黒糖の社会的価値をもっと積極的に訴求していくべきと考えます。

本章では、黒糖の持つ３つの社会的価値「環境を守る」「地域を守る」「国土を守る」という３つについて述べます。

1. 環境を守る

環境を守るという点では、「黒糖ならでは」の論点と、「サトウキビ・砂糖製造全体」の論点と２種類あります。

「黒糖ならでは」の論点で最も重要なのは、黒糖は白糖に比べれば、生産に必要なエネルギーが少ないことです。黒糖と白糖の製法の違いは図 2-3 に示しましたが、ここで再度振り返ってみます。黒糖製造は、サトウキビの生産地で、「サトウキビを絞った汁を加熱濃縮」する、きわめて単純な製造工程で作られています。

一方、白糖では、サトウキビ生産地で、非ショ糖成分を糖蜜として分離して、粗糖を作ります。その粗糖は、東京など砂糖の消費地に近い工場に運ばれます。粗糖はここで再度水に溶かされ、濃縮、結晶、分離を繰り返して、非ショ糖成分を取り除き純粋なショ糖＝白糖になっていきます。この間、生産地から消費地への運搬、消費地の工場での製造工程に、黒糖の製造では使われないエネルギーが使われます。

エネルギーを使う＝CO_2が発生することを意味します。サプライチェーン全体で発生するCO_2を見える化することを、カーボンフットプリントと呼びます。カーボンフットプリントにより、すべての消費財・生産財が生み出される際に発生するCO_2量を明確にしようとする取り組みが現在社会全体で進んでいます。

残念ながら黒糖のカーボンフットプリントを算出した報告はありませんが、砂糖のカーボンフットプリントをシミュレーションした研究があります（服部浩三氏他『さとうきびから精製糖までの二酸化炭素排出原単位の算出』精糖技術研究会誌Vol56）。これによれば、国内（徳之島）での粗糖生産全体（さとうきびの栽培プロセスを含む）で排出されるCO_2量は、１トン当たり283.3kg、最終製品の精製糖（白糖）生産全体で排出されるCO_2量は、1トン当たり534kgとなっているとのことです。

徳之島の粗糖の生産プロセスで排出されるCO_2量と、沖縄の黒糖の生産プロセスで排出されるCO_2量が完全に一致するわけではありませんが、仮に同じだとすれば、白糖は黒糖の約２倍のCO_2を排出していることになります。

次に、「サトウキビ・砂糖製造全体」の環境への寄与、という点を述べます。まず、バガスの利用です。サトウキビから糖汁を絞った残渣をバガスと言います（写真4-1）。黒糖や粗糖の工場では、バガスはほとんど工場で使うエネルギー

写真4-1　サトウキビ（左）　バガス（右）

表 4-1　黒糖製造工場でのバガス使用用途

黒糖製造工場におけるバガス利用状況（2023/24年度、トン）

	伊平屋	伊江	粟国	多良間	小浜	西表	波照間	与那国
燃料	950	1346	365	5131	745	2226	1812	1099
飼料原料用								
堆肥原料用	34	159			2	247	793	18
その他（牛敷草）					92			
合計	984	1505	365	5131	839	2473	2605	1117

『令和 5/6 年度期　バガス・ケーキ及び糖蜜の利用状況調査』 沖縄県 農林水産部 糖業農産課
https://www.pref.okinawa.jp/shigoto/nogyo/1010390/1023584/1010408.html

図 4-1　サトウキビ（C_4）とイネ（C_3）の光合成速度に対する光強度、温度、CO_2 濃度の影響

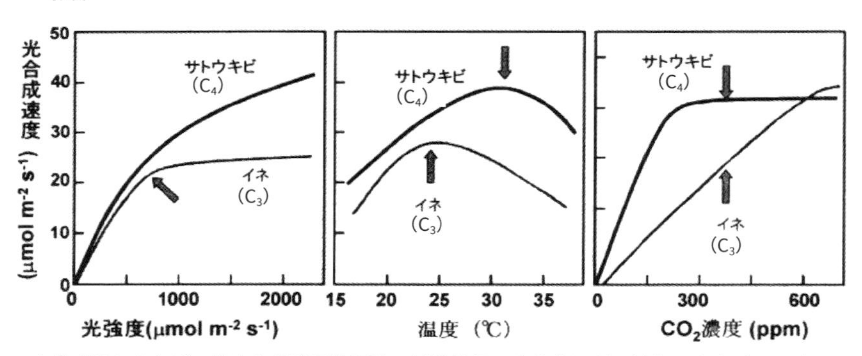

出典『サトウキビの増産と地球環境調節』川満芳信　南方資源利用技術研究会（2014）1026

図 4-2　沖縄県におけるサトウキビの CO_2 固定能力 (トン)

茎生産量	茎乾物重	全乾物重	うち有機物	CO2換算
1,000,000	250,000	457,876	434,982	638,119

注）1　茎乾物重＝茎生産量　×　0.25（茎の乾物率２５％）
注）2　全乾物重＝茎乾物重／０．５４６（茎の乾物分配率５４．６％）
注）3　うち有機物量＝全乾物重×０．９５（無機物含有率５％）
注）4　CO2換算＝有機物量　×１．４６７（CO2の分子量４４／有機物の分子量３０）

出典『サトウキビの増産と地球環境調節』川満芳信　南方資源利用技術研究会（2014）1026

源として使用されています。表 4-1 に沖縄黒糖の製造工場での、バガス利用状況を示しました。工場のボイラーの熱源はほとんどがバガスで、ここには記載していませんが、多良間ではバガスを使って発電までしているとのことです。このように黒糖や粗糖の工場ではすでに資源循環型のモノ作りが実現されているのです。

「サトウキビ・砂糖製造全体」の環境への寄与のもう 1 点として、さとうきびそのものが持つ、CO_2 固定能力の高さがあげられます。植物は、光合成で CO_2 を吸収して炭水化物を生成します。つまり空気中の CO_2 を減らす（固定する）仕事をしています。サトウキビは、図 4-1 に示す通り、イネなどほかの植物に比べて、空気中の CO_2 を固定する能力が高い C_4 植物と言われるタイプの光合成をおこなっています。図 4-2 に示す通り、沖縄のサトウキビだけで年間 63 万トンの CO_2 を吸収固定しています。

2. 地域を守る

サトウキビは沖縄の基幹作物です。沖縄の農家の 7 割がサトウキビ農業に従事しており、耕地面積の 4 割でサトウキビを栽培しています。台風が多く、干ばつも多い沖縄にとって、台風で倒されても成長し続け、塩害や水不足にも強いサトウキビは重要な農業生産物です。また沖縄には離島が多く（沖縄本島以外が「離島」と呼ばれています）、多くでサトウキビを栽培していますが、収穫したサトウキビは必ずその島の中で砂糖（粗糖または黒糖）にする必要があります。傷みやすくしかもカサが大きいサトウキビを、船で別の島に運ぶのは現実的ではないからです。

表 4-2 は、沖縄県の島を人口の多い順に並べ、分蜜糖（粗糖）と含蜜糖（黒糖）の生産の区別と産糖量を示した表です。沖縄には有人島が 48 島あり、この表には人口の上位から 23 の島が掲載されています。このうちサトウキビを栽培しているのは 16 島で、工業的に分蜜糖を生産しているのが 8 島、含蜜糖を生産しているのが 8 島です。この表で島の人口と、含蜜糖分蜜糖の区別を見ると、人口の多い島で分蜜糖（粗糖）を生産し、人口の少ない島で含蜜糖（黒

糖）を生産する傾向にあることがわかります。これは、分蜜糖は製造工程が複雑なこともあり、サトウキビの供給が多く砂糖の生産量の大きい工場でないとコストが見合わないからです。結果的に、黒糖は主に製糖規模の小さい離島で生産されていることになっています。

表4-3に、黒糖を生産している島における、農業生産（耕種）金額におけるサトウキビの比率を示します。いずれもサトウキビが大きな比率を占めており、これらの島では黒糖産業の存在が不可欠であることがわかります。このように黒糖は、特に小さな島の生活を守るうえで重要な産業になっています。

表4-2 沖縄島別　産糖量と生産する砂糖の種類

	島名	所属	面積（km²）	人口　（人）	産糖量（t）	分蜜糖	含蜜糖
1	沖縄本島		1,205.68	1,282,187	14,637	○	
2	石垣島	石垣市	222.57	47,564	10,991	○	
3	宮古島	宮古島市	159.11	45,625	33,348	○	
4	久米島	久米島町	59.11	7,733	6,199	○	
5	伊良部島	宮古島市	29.05	4,693	6,857	○	
6	伊江島	伊江村	22.75	4,260	600		○
7	西表島	竹富町	289.27	2,314	1,392		○
8	与那国島	与那国町	28.84	1,843	563		○
9	伊是名島	伊是名村	14.14	1,517	2,993	○	
10	南大東島	南大東村	30.57	1,329	9,393	○	
11	多良間島	多良間村	19.75	1,189	3,153		○
12	平安座島	うるま市	5.32	1164			
13	伊平屋島	伊平屋村	20.59	1,144	492		○
14	粟国島	粟国村	7.63	759	190		○
15	奥武島	南城市	0.23	748			
16	渡嘉敷島	渡嘉敷村	15.29	728			
17	小浜島	竹富町	7.84	631	364		○
18	北大東島	北大東村	11.94	629	2464	○	
19	宮城島	うるま市	5.5	626			
20	池間島　＊	宮古島市	2.83	603			
21	座間味島	座間味村	6.66	564			
23	波照間島	竹富町	12.77	493	1437		○

人口　H27国勢調査より
＊　池間島　サトウキビ生産はあるが、宮古島にて製糖

産糖量
https://www.alic.go.jp/content/001230176.pdf
沖縄県における令和３年産さとうきびの 生産状況について 沖縄県　農林水産部　糖業農産課

表 4-3　農業産出額（耕種）に占めるさとうきび（工芸作物）の割合（%）

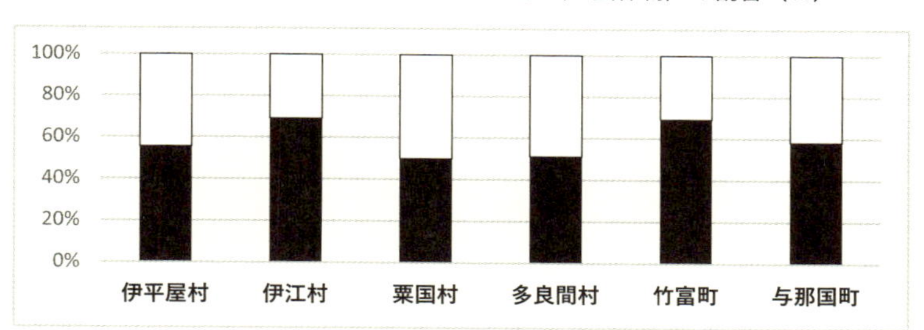

	農業産出額（千万円）	サトウキビ（千万円）	比率(%)
伊平屋村	53	43	80
伊江村	100	45	45
粟国村	3	3	100
多良間村	40	38	95
竹富町＊1	16	7	44
与那国町	28	20	72
合計	240	156	65

＊1　西表島　小浜島　波照間島を含む

引用　沖縄県農林水産部『農業関連統計（令和３年３月版）』より筆者作

3. 国を守る

　このように、黒糖を含む沖縄の砂糖の多くは離島で生産されています。図4-3に、沖縄の製糖工場の分布を示しました。含蜜糖（黒糖）、分蜜糖（粗糖）とも、様々な離島で生産されていることがわかります。前述の通り、台風が多くほかの農産物の作りづらい離島ではサトウキビ、すなわち黒糖や粗糖が重要な持続可能な産業です。もし、海外から安い砂糖が入ってきて国産の砂糖産業が成り立たなくなり、これらの島でサトウキビが栽培できなくなるとどうなるでしょうか？　ほかの産業の成立しづらいこれらの島では生活することが困難になって無人島になってしまう可能性もゼロではありません。従って、国は様々な制度で、沖縄の砂糖産業を保護する政策を取っています。

　これらの島は地政学上重要な位置になります。日本最西端の与那国島、有人島最南端の波照間島では、黒糖を生産しています。沖縄本島から340kmもはなれた南北大東島では粗糖を生産してます。島嶼（とうしょ）防衛の視点からも、沖縄の離島でサステナブルにサトウキビが栽培され、黒糖や粗糖が生産され、人々が生活し続けることが、結果的に国を守ることに寄与しているのです（写真4-2）。共同執筆者の中尾は長年、石垣港を愛用させていただいています。石垣港は黒

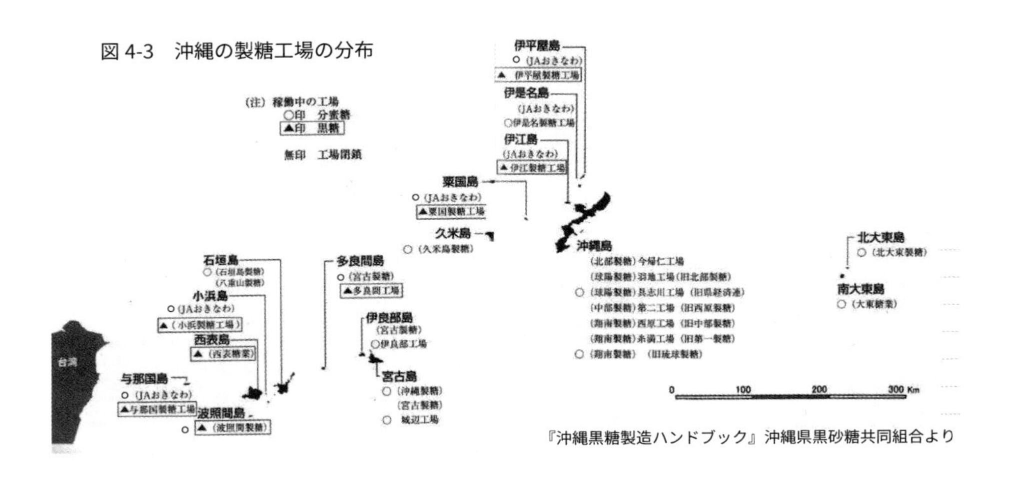

図 4-3　沖縄の製糖工場の分布

『沖縄黒糖製造ハンドブック』沖縄県黒砂糖共同組合より

糖を生産している、西表、小浜、波照間、与那国への船が出ています。離島桟橋を離岸すると、フェリーターミナルの先、海上保安庁の岸壁の沖を通過します。近年、尖閣諸島警備用でしょうか、大型巡視船がどんどん増強されているように感じます。

サトウキビは、こういう重要な場所で栽培されている、これは紛れもない事実であり、そのことはもっと世の中に広く知られてもよいのではないでしょうか？

〈沖縄離島でのサトウキビ農家の定住「国土を守る役割も果たす」小野寺元防衛相が見解〉
【東京】小野寺五典元防衛相は１日、都内で行われた農業団体の集会に参加し、県内の離島で暮らすサトウキビ農家の定住について「国土を守るためにも、ぜひその地域に住み、農業をやっていただきたい」と述べた。中国公船の領海侵入が頻発する尖閣諸島周辺の状況を例に挙げた上で、「国土を守る役割も果たすということだ」との認識を示した。

サトウキビなど甘味資源作物を栽培する沖縄、鹿児島両県と北海道の農業団体が、与党議員に生産者支援を求めた集会での発言。

要請に参加したJA沖縄中央会の大城勉会長が「わが国の国境を守る島々への地域政策として支援策を強く要望する」と述べた。これに対し小野寺氏は「国土を守る役割も果たすということで、堂々と国の支援を受け、これからもその地域で住んでいただく。わが国の国民のために働いていただきたい」とした。

斎藤健元農相も、サトウキビ農家の離島定住について「安全保障上も需要だ」との認識を示すなど、閣僚経験者から防衛と関連付ける発言が相次いだ。

【琉球新報 2021 年 12 月 5 日記事より】

4. 社会的意義の認知

沖縄黒糖の社会的意義について、沖縄、東京でアンケート調査を行った結果を図 4-4 に示します。

アンケートで最も答えの多かった、「沖縄の食文化として重要」は、その通

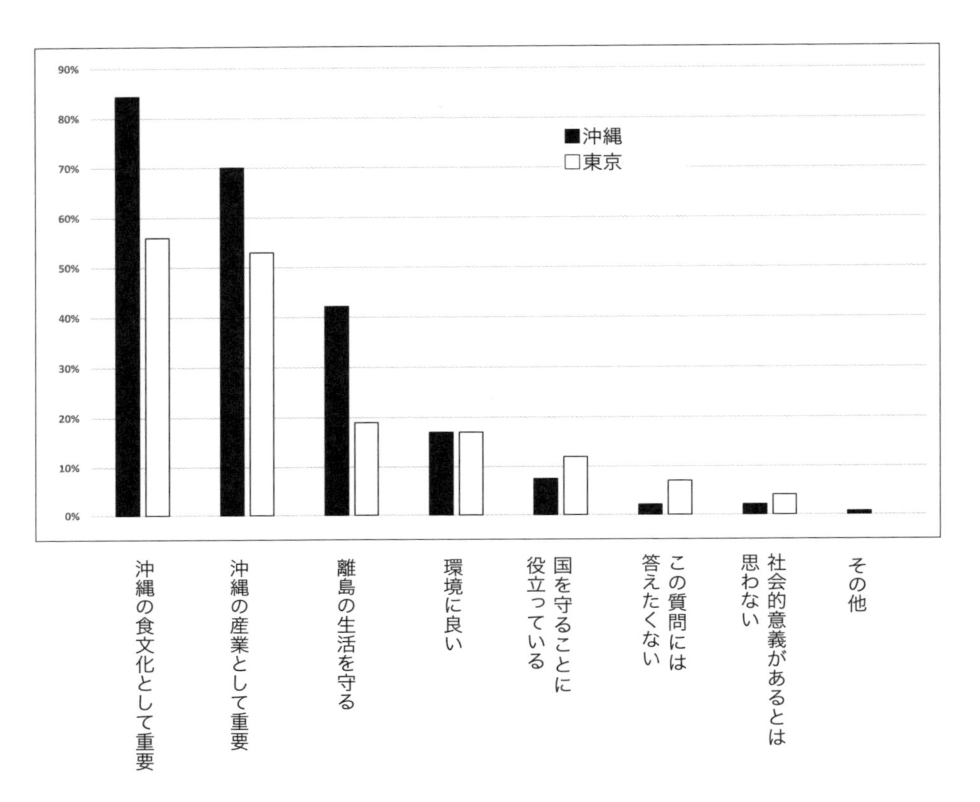

図 4-4　調査結果：沖縄の黒糖や黒糖産業はどんな社会的意義があると思いますか（複数回答）

調査方法　Web 調査（アイブリッジ社の調査ツール Freesay 利用
2024 年 6 月　黒糖を月 1 回食べる女性　沖縄県民 147 名、東京都民 100 名

りだと思います。これまで黒糖と砂糖の歴史について詳細に触れてきましたが、砂糖の東周りルートの黒い道の中継地点として沖縄が果たしてきた役割は大きいです。400 年前に儀間真常が黒糖の製法を持ち帰らなければ、沖縄だけでなく日本の黒糖文化も存在しなかったでしょう。一方で筆者も数々の沖縄食文化本を読んできました。しかし、残念ながら、豚肉、山羊、島豆腐、島野菜、こんぶ等、様々な沖縄食文化素材と比べると、沖縄食文化紹介コンテンツの中で、黒糖の扱いは少ないと感じます。沖縄食文化関係者には、是非黒糖についてもっと大きな取り扱いをお願いしたいところです。

一方で、このアンケート結果の問題点は「環境を守る」「国を守る」という、黒糖の意義がほとんど知られていないことでしょう。今後はこの２点を、業界関係者は強くアピールする必要があります。

「環境を守る」アピールのために、最もわかりやすいのは白砂糖との対比です。そのためには、現在定量化できていない、黒糖のCO_2排出量（カーボンフットプリント）の定量を行い、その結果をメディアに発表していくべきでしょう。尚、この活動は黒糖のみを利する価値なので黒糖の関係者が単独で行う必要があります。

一方「国を守る」アピールは、黒糖関係者だけでなく、沖縄砂糖業界および、日本の砂糖業界全体の課題です。この論点は、おそらく日本の砂糖業界の人はあまねく理解していることと思いますが、残念ながら消費者に向けて発信した実績がほとんど見られません。これがアンケート結果につながっているのでしょう。写真 4-2 に、毎年サトウキビの日に業界団体が掲載している新聞広告を示します。筆者が知る限りの唯一のアピールです。ここには、「さとうきびは島を守り　島は国土を守る」という、南大東島の大東糖業の煙突（写真 4-3）と同じコピーが書かれています。業界関係者は、是非このような活動を強化して、図 4-4 のアンケート結果が上がるような取り組みをお願いします。

これまでは、社会的課題とビジネスを結び付けることに対して、「あざとい」

写真 4-2　「国を守る」をアピールしている例
2021 年 4 月 25 日　琉球新報・沖縄タイムス新聞広告

「政治と経済を切り離す」という意識があったのではないかと思います。しかし昨今のSDGs意識の高まりから考えて、「黒糖が、様々な社会課題解決に寄与している」ことを、マーケティング的にアピールしていくことは、けっして「あざとい」ことではないと考えます。

日本中の多くの人が黒糖を食べながら「沖縄の島の暮らし」「CO_2削減」「国土を守る」ということに思いをはせる、そんな時代が来ることを目指した、取り組みが必要と考えます。

写真4-3 大東糖業の製糖興業全景（写真提供:JAおきなわ）

【参考文献】

『さとうきびから精製糖までの二酸化炭素排出原単位の算出』 服部浩三他　精糖技術研究会誌　Vol56（2008）
『沖縄県における令和３年産さとうきびの 生産状況について』沖縄県　農林水産部 糖業農産課　https://www.alic.go.jp/content/001230176.pdf
『サトウキビの増産と地球環境調節』 川満芳信　南方資源利用技術研究会（2014）1026
『沖縄黒糖製造ハンドブック』 沖縄県黒砂糖協同組合　（2015）
『令和5/6年　Ⅲバガス・ケーキ及び糖蜜の利用状況調査』沖縄県 農林水産部 糖業農産課　https://www.pref.okinawa.jp/shigoto/nogyo/1010390/1023584/1010408.html

取材メモ

宮古島

津嘉山千代さん　農家民宿、農産物加工品製造

（2024 年 6 月　電話取材）

宮古島与那覇の津嘉山さんのにんにく黒糖漬は絶品です。
宮古の方言でにんにくの黒糖漬けのことを“ピーフッジャッターズキ” と言います（宮古観光協会談）。
ピーはにんにく、フッジャッターは黒糖、ズキは漬け。にんにくの地漬（じーじき）（沖縄の保存食；野菜の黒糖漬け）のことです。
何気なく宮古を歩いていると活気のある市場“島の駅”を発見、吸い寄せられました。華やかな生鮮・加工品・土産物・惣菜売り場、くつろげるイートインスペース、それぞれが絶妙なバランスで成り立っている楽しい素敵な市場でした。
そこで出会ったのが千代さんのピーフッジャッターズキ。パンチのある元気が出る漬物です。
お土産として買って帰り、御飯にのせて数粒バリバリと。疲れが消えていきます。
宮古を再訪できず残念ながら電話取材。農家民宿をされながら 22 品もの商品を作り上げておられるとのこと。その中で一番の売れ筋です。
にんにくは宮古地方の農産物。青森と比較して力強さがあります。千代さんのピーフッジャターズキ、にんにくは自家製、黒糖は隣島の多良間。しかし地漬を作るのには手間がかかり、作り手は減り、生産量は落ちてきているとのこと。千代さんも昔は一回 2 トン仕込んでいたとのこと。
にんにく、黒糖ともスタミナ食品。皆が貧しかったころの畑の食事はにんにくを味噌につけて齧り、黒糖を舐めていたと、むかしばなしをお伺いしました。“あらがまま（宮古の方言で不屈の精神）”の原動力ですね。
いい存在感、味を出している商品です。次の訪沖の際は宮古へ行きます。その時は与那覇の民宿へお伺いします。（な）

沖縄島

前田英章さん　農水苑「虹」

（2024 年 3 月　糸満市）

前田さんの製糖所を訪問。サトウキビの搾汁から仕上げまで見学させていただきました。

熱く黒糖愛を語る前田さん

自然は必然で成り立っている。魂を込めないといい製品は生まれない。良い畑から良い作物、良い台所から良い料理。魂が入った場所で魂が入った価値が生まれる。自然の力を受け止めて生かす気、精神力が大切、と。前田さんから教わった哲学です。

大声が無い、静かに時が流れる作業場で、黙々とサトウキビ、黒糖に向き合うお姿が印象的でした。穏やかな家庭でわが子を育てている、そんなことを思いました。

静かで穏やかな作業場

前田さんに本のテーマである“ぬちぐすい”に関してお伺いしました。

「サトウキビ・砂糖に沢山の歴史があるのは知っていますか？　それをちゃんと説明する本にしてください。そして黒糖がそんな歴史の中から生まれた“ぬちぐすい”であることを紹介して下さい。

“ぬちぐすい”は時代と共に変化する概念で良いのではないですか。良い油を健康のために取る時代、良い糖を積極的に取る文化を育てたいと思います。」とのコメントを頂戴しました。ものすごく納得感がある言葉でした。
農水苑「虹」の黒糖は口の中でほどける驚きの口溶け。濁りの無い優しく澄んだ味わいです。商品名は珊瑚黒糖。（な）

沖縄島

又吉優子さん　琉球黒糖㈱ 代表取締役

（2023 年 12 月　糸満市）

黒糖を様々な商品に加工して発売されている優良企業を訪問。黒糖の消費者価値、今後の展望などを社長から直接お話をお伺いすることができました。
又吉社長は自ら物産展出品の際売り場に立ち、お客様と直接対話されています。沖縄黒糖には熱烈なファンが多く、そのブランド価値は高いと感じてられます。とにかくエネルギッシュに語られます。
琉球黒糖の商品は多種多様。大ヒット商品のミントこくとう、暑熱対策に最適な塩こくとう、チョコレートとの相性を追求した黒のショコラなどなど。本社の商品展示スペースは圧巻です。那覇のスーパーの陳列力もすごいものがあります。
純黒糖を食べやすく加工黒糖にして品数多く商品展開されています。加工黒糖の加工のしやすさ､食べやすさを追求するお客様視点の強い開発マインドを感じました。純黒糖と加工黒糖のそれぞれの価値を生活者価値として把握し事業展開されている強い企業と思いました、
またご自身も黒糖を愛用。風邪、咳の際の大事な食糧として実感されており、生活者の価値感を大切にされていました。
今後は原点回帰して黒糖の価値をもう一度見直し、本物志向の商品展開を考えていきたいとも語っておられました。インバウンドも当然ターゲットとのこと。沖縄黒糖は高級品と海外の方に感じていただいている。黒糖文化がある中国・台湾・東南アジアの方々は特に沖縄黒糖の良さを理解してくれている。そこに商機があると考えていらっしゃるとのこと。なるほど、と感心。愉しみです。
お土産に紙袋一杯の商品を頂戴しました。ありがとうございました。またお伺いします！（な）

第５章

沖縄黒糖、その未来戦略

——６つの価値の見える化戦略

太平洋を望む、日本最南端うーじの森ー 2024 年 10 月波照間島

はじめに

これまで、第１章で黒糖の歴史、第２章～第４章で黒糖の３つの価値である「おいしさ価値」「健康機能価値」「社会価値」について述べてきました。

本書の目的は、これらの事実を単に紹介することではなく、黒糖の次の時代に向けた方向性を提案することです。第５章では本書のまとめとして、次世代に向けて黒糖が目指すべき目標と、目標実現に必要な具体論を「沖縄黒糖の未来戦略」という形で提案します。

1. 戦略目標

戦略とは、目標実現に向けた長期的視点に立った方法論のことです。従ってまず目標を明確にしなければなりません。黒糖戦略の目標は図5-1に示すように２つあります。

目標１は「多くの日本人が、黒糖には高い価値があることを、知識として

図5-1　黒糖の戦略

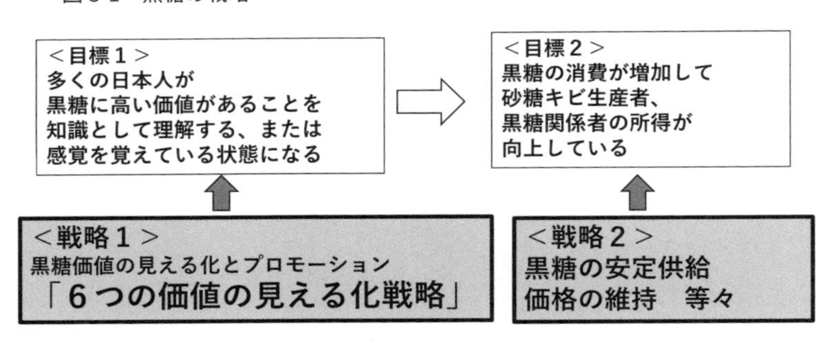

目標1のKPI（Key Performance Indicator）

月1回以上黒糖食用者	STEP1	沖縄で９０％以上
	STEP2	東京で５０％以上

具体的に理解して、感覚を覚えている状態になる」、目標２は「黒糖の消費が安定的に増加して、サトウキビ生産者や黒糖関係者の所得が向上する」です。

目標１が実現できなければ、目標２は実現できません。従って目標１を実現するための戦略すなわち、「黒糖価値の見える化とプロモーション」が、第１の戦略になります。

もちろん目標１が実現しただけでは駄目で、目標２の実現によって黒糖の関係者がはじめて幸せになります。従って、「目標１のプロモーションの結果を確実に目標２の黒糖の売り上げ＆生産者・関係者の所得向上につなげる」必要があり、この方法論が第２の戦略になります。本章では、第１の戦略すなわち「黒糖価値の見える化とプロモーション」を具体的には第４節で「６つの価値の見える化戦略」という名前で提案します。

なお、戦略策定に当たっては、数値目標（KPI）が必要です。本書では黒糖の食用頻度をKPIとして設定しました。黒糖の月一回以上食用者を、第１ステップは沖縄で90%以上、第２ステップは東京で50%以上を狙うことを提案します（現状 沖縄51%、東京31%）。日本で一番黒糖の文化が根付いているのは沖縄です。本書で述べた黒糖の価値を、まずは沖縄の人が十分理解したうえで、地元の誇りをもって、全国に広めることが重要ではないでしょうか？プロモーションは費用がかかります。まずは費用を沖縄に集中投下して、沖縄で黒糖の再見直しが起き、その後自然に全国へ広がっていくことを狙うべきと思います。

ちなみに、第２ステップとなった場合、目標の食用頻度は現状の約２倍ですので、現在年間約８千トンの需要が２倍程度になることをイメージしています。この場合は当然黒糖の供給力が足りませんので、「戦略２」を検討する必要があります。

2. 黒糖戦略のステークホルダー

第２章～第４章で様々な価値を御紹介しましたが、戦略１に伴い、見える化してプロモーションすべき価値を整理して、表5-1に示しました。

表 5-1　黒糖の価値とその位置づけ

ステークホルダー 事業者	沖縄／鹿児島黒糖 加工黒糖 茶色い砂糖	沖縄黒糖	重点戦略 価値
価値の源泉	**非ショ糖成分**	**沖縄であること**	
おいしさ価値	こく 香り	8島の味の違い （テロワール）	○
健康機能価値	ミネラル豊富 抗ストレス機能 ポリフェノール		○
社会価値	環境負荷少ない	国を守る	○
イメージ価値	精製度が低いので なんとなくよい	沖縄の島・自然	×

本書は、基本的に沖縄黒糖に軸足を置いています。しかし、黒糖戦略により黒糖の価値が向上すると、沖縄黒糖以外の「鹿児島黒糖」「加工黒糖」「茶色い砂糖」などをも利することにもなります。なぜならば、表 5-1 に示す通り、黒糖の「価値の源泉」の多くは「非ショ糖成分」の価値なので、「非ショ糖成分」由来のおいしさ価値や健康機能価値は、加工黒糖や茶色い砂糖の価値でもあるからです。

図 5-2 に黒糖戦略の結果を享受するステークホルダーと非ショ糖成分の割合の関係を示しました。非ショ糖成分由来の価値の実際の効果の大きさは、

黒糖＞加工黒糖＞茶色い砂糖

となります。しかし、非ショ糖成分のおかげで素材にコクが出たり、健康イメージがついたりという事実は、どの素材も共通です。従って「沖縄黒糖」「鹿児島黒糖」「加工黒糖」「茶色い砂糖」の関係者は非ショ糖成分の付加価値化に

図 5-2　黒糖ステークホルダー

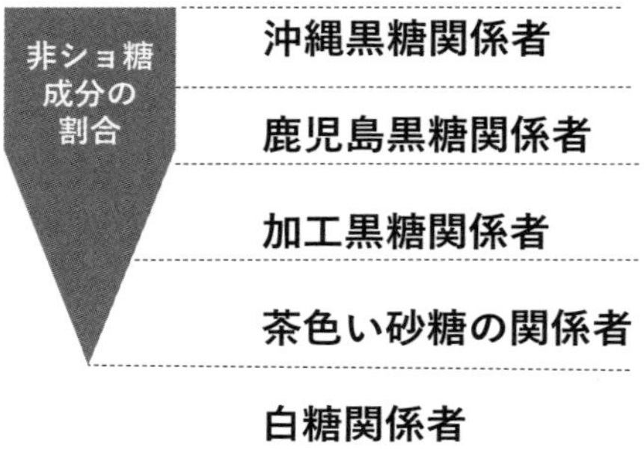

非ショ糖成分の割合
沖縄黒糖関係者
鹿児島黒糖関係者
加工黒糖関係者
茶色い砂糖の関係者
白糖関係者

対して、協力して取り組むべきではないかと考えます。業界部外者の筆者の目から見ると、黒糖、加工黒糖、茶色い砂糖関係者はそれぞれあまり交流があるように見えません。いずれも「非ショ糖成分」とともに生きる仲間として、協力して黒糖（非ショ糖成分）の価値向上に取り組むべきと思います。

「チョコレートの機能性価値を世の中に広めるために、シンポジウムを開催し続けた」という話を第３章で述べました。明治、ロッテ、森永、グリコ、不二家などチョコレートメーカーが一致団結した取り組みをおこなった結果、世の中を大きく変えることができました。素材の高付加価値化という共通のテーマに対しては、このように業界関係者が一体となって取り組むことが重要です。

一方で、表 5-1 に示すように、「8 島の味の違い」など、沖縄ならではの価値があります。これについては、沖縄の関係者が自らの力で集中的にプロモーションする必要があります。

本章では表 5-1 に示す、黒糖関係共通の「非ショ糖成分」由来の価値と、もう１つの「沖縄であること」由来の価値に対して、どのような対応を取るべきか説明していきます。

3. 戦略の重要度

表 5-1 に示すように、黒糖には「おいしさ」「健康機能」「社会性」「イメージ」の４つの価値があります。私たちは、お客様に黒糖を「購入」していただくため、価値訴求を検討していますが、この「購入」という言葉には、２つの意味があります。初めて買ってもらうことを「トライアル購入」、2 回以上続けて買ってもらうことを「リピート購入」と言います。お客様にまずトライアル購入してもらわなければすべてが始まりませんが、リピート購入が続かなければ事業継続が困難になるので、事業者にとっては両方重要です。特に、黒糖のように、簡単に商品内容を変更できないものは、リピート購入により、細くても長くお客様に使い続けてもらうことが重要です。黒糖の価値と、トライアル・リピートへの誘発効果の関係を表 5-2 に示しました。

「おいしさ」価値は、食べてもらえばその価値は理解してもらえ長続きします

表 5-2　価値の特徴（一般論）

	トライアル購入を誘発	リピート購入を誘発
おいしさ価値	△	○
健康機能価値	○	○（実感があれば）
社会的価値	△	○
イメージ価値	○	▲

が（リピート購入）、食べてない人（トライアル購入）に、その価値を伝えるのはなかなか難しいです。従ってトライアル購入誘発は△、リピート購入を誘発は○になります。

これに対して「健康機能価値」のように、○○に効果があるというのは、伝わりやすく（トライアル購入）、実感があれば長続き（リピート購入）します。「社会価値」は伝わりづらいですが、地道にしっかりと伝えることで、リピート購入の後押しをすることもできます。「今日はちょっと贅沢をして黒糖ラテを飲もう。環境によく、国を守るのに役立ってるからね」みたいな感じですね。

一方、例えば「憧れの南の島生まれの沖縄黒糖」といった「イメージ価値」は、わかりやすく伝わるのが早いですが、リピート購入につなげる力は弱く、「おいしさ」や「機能」など、ほかの価値がなければ一瞬のブームで終わってしまいます。

以上より、黒糖戦略では、まず「健康機能価値」をしっかり訴求してトライアル購入を図り、その後「おいしさ価値」「社会価値」を理解してもらうことでリピート購入を誘発するのがベストシナリオと言えます。「イメージ価値」は即効性がありますので無駄ではありませんが、リピート購入につながらないので、今回の戦略からは外しました。

以上をふまえて見える化して戦略的にプロモーションするべき価値を、表5-3の①~⑥の6つの価値に絞りました。これを本書では「6つの価値の見える化戦略」と呼びます。

表 5-3　６つの価値の現状と戦略実現のための検討課題

価値の分類	非ショ糖成分	沖縄独自		価値の内容	現状		今後の検討課題			実施スケジュール
					エビデンス	認知	エビデンス研究	プロモーション	商品開発	
おいしさ	○		①	こく・香り	○	△	○	◎	○	すぐに実施可能
		○	②	8島テロワール	▲	×	◎	◎	◎	基礎研究開始
健康機能	○		③	抗ストレス・ポリフェノール	△	×	◎	◎	◎	基礎研究開始
	○		④	ミネラル	◎	○	ー	○	ー	すぐに実施可能
社会価値		○	⑤	環境負荷少ない	△	×	○	◎	ー	すぐに実施可能
		○	⑥	国を守る	◎	×	ー	◎	ー	すぐに実施可能

現状：◎十分ある　○ある　△不十分
▲かなり不十分　×ない

今後：◎大きく実施、○実施

4.「６つの価値の見える化戦略」の実施内容

第２章―第４章の説明で、６つの価値の重要性を説明してきましたが、それぞれに課題があります。

まず「価値のエビデンスが不十分なものがあること」、そして「価値が黒糖関係者以外に認知されていないものがあること」です。現状と今後の検討課題を表 5-3 に示します。表 5-3 の「現状」で示した「エビデンス」とは「その価値が確実にあることの裏付け」のことで、「認知」とは「現在その価値が一般の人に伝わっている」かどうかです

現状の評価が低いものに対して、今後どのように検討するかを「エビデンス研究」「プロモーションをする必要性」「特にその価値を使った商品開発」で示しました。

コク・香り

コク・香りの価値の「エビデンス」は、ある程度整理できています。「黒糖を野菜の煮物に入れるとコクがでる」「独特の香りを楽しむためにさーたーあんだぎーに黒糖を入れる」などです。ただし、これを裏付けるレシピはまだまだ不足しています。料理の専門家の皆様に黒糖のおいしさを「コク出し」「香

り」という切り口で整理いただき、黒糖の強みを生かした料理（エビデンス）をさらに数多く生み出していただきたいと考えます。

さらに、「黒糖のコクとは何か」「香りはどこから生まれるのか」といった基礎的な裏付け研究も進める必要があると考えます。これについては、研究者による科学的な研究をお願いしたいところです。特に、香りの表現はフレーバーホイールのような考え方を黒糖でも作るべきと考えます。

一方で、黒糖のおいしさ価値が「コク」と「香り」であるという見方は、世の中に十分浸透しているとは言えません。この事実は、プロモーション（出版、イベント、SNS、メディアでの発信）によりしっかり世の中に伝えたうえで、黒糖の「コク」「香り」を生かした商品開発を進める必要があります。ここでは、単に「黒糖を使ったレシピ」を紹介するだけではなく、「黒糖を使うことで、なぜその料理やお菓子がおいしくなるか」をしっかり説明しながら、プロモーションをすべきでしょう。

8島テロワール

黒糖を生産している「8つの島ごとに味と香りが異なる」、すなわち「8島テロワール価値」は、業界関係者には知られているものの、一般の認知はあまりありません。さらに、具体的に8島の味と香りが、どう違うかが、業界内部でもほとんど整理できていません。従ってこの違いをしっかりデータ化すること、そのうえで関係者の中で共通認識とすることが重要です。

ワインでは「ボルドーの赤ワインはタンニン（渋み）が多く、濃厚で重厚な味。香りはカシスやブラックベリー、スパイシーな要素もあり」という表現をします。このワインの表現のように、8島それぞれの味の特徴を明確にして、テロワールとして説明できる状態にしなければなりません。従って、味の特徴を裏付けるためのエビデンスを明確にする研究、島ごとの味の特徴を伝えるプロモーション、島ごとの味の特徴を生かした商品づくり、すべてが必要です。

この価値は、加工黒糖や色のついた砂糖にはない、沖縄黒糖独自の価値です。エビデンス研究にはかなりの時間と手間、費用がかかります。沖縄の関係者の皆さんは、まずこの価値にフォーカスした基礎研究（第2章8節）に着手すべきと考えます。

抗ストレスとポリフェノール

第３章で述べた、ポリフェノールの各種作用、その中でも抗ストレス作用については、優れた研究はあるものの、機能と関連付けたポリフェノールのばらつきの検証が十分でなく、また、ポリフェノール群の中で抗ストレス作用を発揮する主たる成分が明らかになっていません。従って、まずこの点の裏付け研究を推進すべきと考えます。ごく最近の状況で言えば、黒糖の機能性研究を実際に行っている方は一時期に比べると減少しているようにも感じますので、数ある機能性の中でも最も市場価値が高いと考える抗ストレスについて、再度深堀りした研究を進めるべきと考えます。

そのためには中長期的な研究計画を立てて継続的な黒糖機能性開発研究体制が必要です。筆者らは、その体制づくりのキックオフをお手伝いできたらと僭越ですが考えています。

ところで、消費者調査の結果、現在の沖縄で最もよく黒糖が使われるのは「一口タイプを食べる」という食べ方でした。これについては歴史的な経過含め第２章５節で詳細に説明しましたが、この食べ方は、抗ストレスという機能訴求をするのに最もふさわしい食べ方です。「ストレスを感じたら、一口黒糖をポイっと口に入れる」というシーンが定着すれば、黒糖産業にとってどんなに素晴らしいことでしょうか？

従って機能のエビデンスを科学的にクリアにしたうえで、この機能をうたった一口サイズの黒糖商品、すなわち第３章で述べた「機能性表示食品」の発売をめざすべきと考えます。その際、関与成分のばらつき回避の目的で、糖蜜を使った加工黒糖での商品化の可能性も排除すべきではないでしょう。本章第２節で黒糖、加工黒糖業界は連携すべきと書きましたが、「抗ストレスで機能性表示食品が、黒糖商品で発売」されれば、当該商品だけでなく、黒糖という素材そのものの価値を大きく上げることができます。明治が「チョコレート効果」という商品を出すことで、結果的にチョコレートという素材そのものの健康機能価値が上昇しチョコレート市場全体が活性化したのと同じです。本章第３節で述べた通り、黒糖の機能性価値は、黒糖のトライアルを促進する最大の手段ですので、この価値の具現化に向けて業界を挙げて取り組むべきと考えます。

　また、併せて言えば、黒糖の機能性価値は、抗ストレス以外にもいろいろあります。鹿児島のガンとの関係の研究もそうです。これらの黒糖にかかわる機能性研究を総合的に発表するシンポジウムのような場を、沖縄で定期的に持つべきではないでしょうか。

ミネラル

　ミネラルの価値は、栄養学、運動生理学での論理構築もされており、黒糖自体のエビデンス（分析値）もしっかりあります。これまでの関係者のご努力のおかげで、８つの価値の中では一番認知もあります。従って、カリウムの価値を強く訴求した商品の開発を推進するべきでしょう。黒糖を使ったタブレット菓子などの熱中症対応商品はもっとあってもよいと思います。

環境負荷が少ない

　環境価値は、今後ますます重要になる論点です。この価値は、わかりやすい価値ですが、エビデンスが十分ではありません。黒糖のカーボンフットプリントなどのシミュレーションをしっかりと行い、その結果を世の中にアピールしていくべきでしょう。この価値は、加工黒糖・茶色い砂糖にはない、黒糖オリジナルの価値です。従って、沖縄を中心とした黒糖製造に携わる方が取り組むべき課題です。

国を守る

　第４章で説明した通り、この価値の課題は、事実としては明確なのに、だれもプロモーションしていない、従って世の中の認知は限りなくゼロに近い、ということです。微妙な問題ですので、慎重な言い回しが必要ですが、このような政治的な論点をどのように伝えるべきか、場合によっては政治家の皆さんやプロモーションの専門家の力も借りて、伝え方を検討するべきと考えます。この価値も、８島テロワール、環境と並んで、沖縄独自の価値です。沖縄のサトウキビ関係者が特に主体的に動くべき課題と考えます。

「６つの価値の見える化戦略」を、取り組み主体で再度整理すると以下の通りになります。

「コク・香り」「抗ストレスとポリフェノール」「ミネラル」 価値の見える化
⇒　黒糖・加工黒糖・茶色い砂糖関係者が協力して
「8 島テロワール」「環境負荷」「国を守る」価値の見える化
⇒　沖縄関係者の独自取り組み

戦略の実行には時間軸も考えないといけません。「健康機能価値の研究」や「8島テロワールの研究」には時間がかかります。従って、6つの価値のうち、「社会的価値」「機能性のうちのミネラル」「コクと香りを中心とした、レシピ紹介」にまずすぐに手を付けます。同時に「機能性」「8 島テロワール」の研究に速やかに手を付け、数年後にこれらの重要な価値訴求を行う、といった、ロードマップ作製も必要です（表 5-3、実施スケジュール）。

5. 黒糖プロモーションのターゲット

続いて、黒糖価値のアピールすなわち黒糖プロモーションについて考察します。「6 つの価値の見える化戦略」のターゲットは、一般消費者と食品事業者に大別されますが、実際に黒糖を大量に購入するのは食品事業者です。一方食品事業者が製造販売する「黒糖利用商品」を購入するのは消費者です。図 5-3 に 6 つの見える化戦略のターゲットの関係を示しました。

消費者が、黒糖の価値を知らなければ「黒糖利用商品」は売れません。そもそも、食品事業者が、黒糖を使った商品を発売するのは、「自社商品に黒糖を使うことで、黒糖ならではの新たな価値が付加される」ときだけです。従って、現在のように黒糖の価値がそれほど浸透していない段階では、STEP1 として、まず消費者に対してプロモーションするべきと考えます。ある程度浸透してきた段階で、STEP2 として食品事業者に向かって、詳細な価値を説明していくべきでしょう。

図 5-3 「６つの価値の見える化戦略」のターゲット

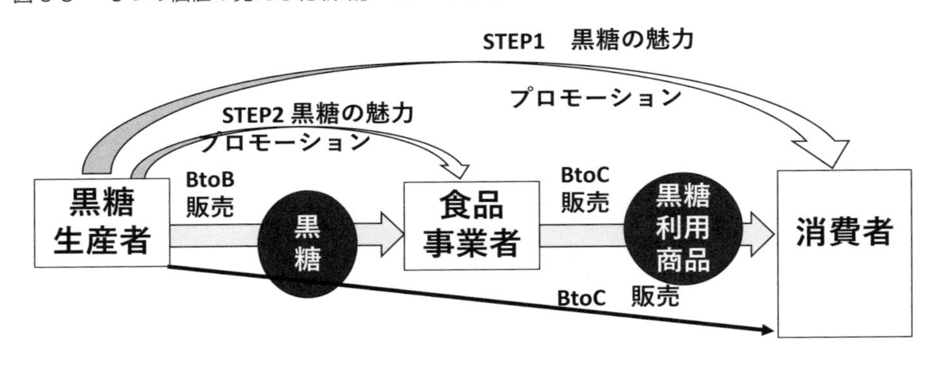

対消費者（B to C）

プロモーションで第一に伝えたいのは、トライアル購入に関係性の強い、「健康機能価値」と「社会価値」です。消費者は、黒糖に対して、「何となく体に良い」というイメージは持っています。今後、抗ストレスなどの機能性研究を深め、その都度消費者に対して発信していくべきでしょう。その際、学術シンポジウムなどの実施は重要です。学術シンポジウムに全員の消費者が参加するわけではないですが、シンポジウムの発表内容はマスメディアやSNSで発信するための重要な「ネタ」になるからです。社会価値も頭で理解する価値ですので、様々な媒体を通じて、伝えていく必要があるでしょう。最近業界団体もSNSを使ったプロモーションを行っています。こういう場を通じて、上手に社会的価値を浸透させていきたいものです。

「おいしさ」も重要な価値ですが、言葉でおいしさを伝えるのは難しいです。黒糖を使ったレシピを発信しても、ほかのおいしそうなレシピとの差別性がなかなか付きづらいと思います。従って、「黒糖を使うことで、その料理やお菓子がどのようにおいしくなったのか」ということを、しっかり言葉で説明するレシピ集を作って、地道に伝えていくべきだと考えます。レシピ集では、単に「黒糖を使っておいしい料理」ではなく、第２章７節で紹介したように、「その料理に黒糖を使うことで、白糖を使うよりどうおいしくなるのか」が明確なレシピに絞ったレシピを作るべきです。

対事業者（B to B）

食品の事業者は、常に自分の商品をおいしくするための素材を求めています。従って、B to B の場合は、まず黒糖が素材をどのようにおいしくするのかを、理論的に説明する資料が必要です。従って、第２章７節で説明した、「コク」「香り」についての理論と実際のレシピをセットにした資料を用意します。コクや香りについては、単なる味の説明でなく、科学的な裏付けが少しでもあるとベターです。味をすべて科学的に説明するのは困難ですが、納得性のある研究結果があると、特に B to B の事業者に対して、説得力のある販売促進ツールになります。特に黒糖の「コク」と「香り」については基礎的研究を進めるべきと考えます。

ただし、その際問題になるのが、ばらつきです。事業者は天然物に一定のばらつきがあることは理解しています。従って、黒糖生産者は事業者にどの程度の範囲でばらつくのか、その原因は一体何なのかをしっかり説明する必要があります。ばらつきについての統計的・化学的説明があれば、そのばらつきを踏まえて事業者は商品開発をします。

一方で、ばらつきは、コントロールできて説明できれば、付加価値にすることができます。特に島ごとの味の違いがしっかりと説明できれば、大きな付加価値になる可能性が高いと考えます。事業者の作る製品は様々です。強いパンチのある香りの黒糖が欲しい製品、マイルドでバランスの良い黒糖が欲しい製品いろいろあります。これらの事業者のこだわりが、産地と結び付くと、事業者のこだわりを商品プロモーションに使うことができます。

「この商品の、深いコクと酸味、ドライフルーツのようなほのかな香りは○○島の黒糖を使ったからこそ出せる風味です」

このような表現を使った、商品が出てくると良いですね。

機能性については、事業者に対して、イメージだけでなくエビデンスをベースにした説明が必要です。そして、「黒糖の機能性（例えば抗ストレス）を使った、機能性表示食品（例えば、一口黒糖）を食品事業者が発売する、その商品開発のサポートを黒糖関係者が行う、ということができれば理想です。

最後に、プロモーションとは関係ありませんが、商品の安全性は、現代のビジネスをするうえでの最低必要条件です。品質保証体制に対する要求はどんどん厳しくなっており、厳しい基準・品質保証要求に対応した素材でないと、市場拡大は不可能と言い切ってよいでしょう。

黒糖高付加価値化の推進は、品質保証の高度化と車の両輪です。

6. 価値の「規格化」の重要性

これまで本章では「6つの価値の見える化」を、おもにマーケティングの視点で述べてきました。マーケティングで世の中に発信するということは、その内容に裏付けがあり、かつ見える化できることが前提となります。これを本書では「規格化」と呼ぶことにします。取引上の「規格値」という意味ではなく、発信する内容が数字で裏付けられているという意味です。

情報があふれている時代、重要なのはその情報の質です。それぞれの情報の根拠が規格化されていることで、マーケティングで伝えられている内容の信頼性が格段に高まります

6つの価値のうち、国を守る以外の価値は、すべて何らかの規格化が必要です。おいしさ系の価値は、分析値と官能評価で、訴求したい味香りが数値化されており、そのばらつきが、地域、年次、日次でモニターされていて、その数字が必要に応じて取り出せる体制が望ましいです。農産物でそこまでできているものは多くありませんが、黒糖のように産地が限定され数量もそれほど多くないものは、このような体制を取れる可能性があります。

健康機能系の価値は、まず機能と物質の関係が特定される必要があります。特にポリフェノールは総称ですので、効果の主体となる成分・構造（ポリフェノール群中のどのような化学構造を持った成分であるかの定義）まで掘り下げた検証が望まれます。そのうえで、おいしさ価値同様、対象とする成分の濃度が、地域、年次、日次でモニターされて、情報がすぐに取り出せる体制が必要です。

科学とマーケティングが一体となって、今後の黒糖を盛り上げていきたいものです。

おわりに

角 直樹

最後まで読んでいただき、「はて？　この本は一体何の本だったのだろう？」とお感じの方も多いかもしれません。「食文化本？」「歴史本？」「沖縄本？」「科学本？」「レシピ本？」「マーケティング戦略本？」………そのすべてが正解です。

情報のあふれた時代だからこそ、1つのことを様々な角度から見ながら、最後は全体を俯瞰して考えることができる。書籍の力を借りて「黒糖に関する様々な情報を1冊にまとめること」を第一の目的にしました。

私は、菓子会社で30年以上商品開発に携わってきました。お砂糖はお菓子にとって、なくてはならない素材です。なのに、私はお砂糖のことを深く考えることもなく、お砂糖を空気のように扱って、ずっと過ごしてきてしまいました。しかし5年前、沖縄のいくつかの黒糖工場を訪れ、その魅力に参ってしまいました。黒糖は、味、健康機能、島ごとのストーリー、手間のかかる製法……　様々なお菓子の素材のなかでも、かなりの奥深さがある素材です。これまで一顧だにしてこなかった、自分を深く反省しました。

その後、微力ながら黒糖のプロモーションにかかわらせていただき、様々な人に会い、知識も深めたのですが、そこで得たたくさんの黒糖の魅力が、世の中、いや沖縄の人にすら十分伝わっていないことが気になりだしました。年齢を重ねてくると、自分が得た素晴らしい知識を、世の中にアウトプットせずに、お墓に向かっていくことに、とても罪悪感を感じるものです。

幸い、「沖縄力」で私のはるか上をいく中尾さんという仲間を得ることができ、構成や執筆をがっつりリードしていただくことで、ここまでたどり着くことができました。

黒糖は、おいしさ、機能性どれをとっても、まだまだ魅力が眠っているダイヤモンド原石のような素材です。この本を手に取られた、それぞれの分野の専門家の方が、さらにアイデアを広げて黒糖の魅力を世の中に広めていただければ嬉しいです。「黒糖の魅力を世の中に広めるための材料を世の中に提供する」これが本書の第二の目的です。

尚、本書では、事実だけでなく、様々な意見を述べさせていただいております。これらの意見、コメントの責任はすべて著者の私たち二人にあります。特に、“うちなーんちゅ”の皆様にとっては、「そこは違う！」というポイントがあるかもしれません。ご指摘、ご批判を是非頂戴したく存じます。

私たちの今後のテーマは２つあります。ひとつは、本書で提案した様々な提案を実現に結び付けることです。しかし私たちのできることは本当に限られていますので、是非沖縄県内外の皆様とディスカッションを重ねながら、目標達成に向けて活動していきたいと考えます。もうひとつは、黒糖情報の更なる発信です。本書は沖縄黒糖中心に情報発信しました。そのため鹿児島・奄美地方や、内地の様々なクラフトシュガーには触れることができませんでした。また、海外にも、インド、南米、中国、ヨーロッパ等まだまだ、日本で知られていないたくさんの黒糖文化があるようです。今後はWEB等を通じて、黒糖に関するさらい広く深い情報を発信していきたいと思います。WEBリンクは以下の通りです。

kokutodesign-com.jimdosite.com

本書をまとめるにあたり、株式会社明治フードマテリア、沖縄県農業協同組合、沖縄県黒砂糖工業会の皆様、安次富順子先生には、資料提供含め大変お世話になりました。厚く御礼申し上げます。また、様々な情報をご提供いただき、お話をお聞かせいただいた、黒糖関係者の皆様、業界関係者の皆様にも厚く御礼申し上げます。特に、沖縄県農業協同組合の栢野英理子様には、多くの取材先の御紹介と情報の御提供を、また株式会社918の本盛聡様には、出版のきっかけを作っていただきました。ありがとうございます。

本書が、黒糖文化の更なる輝きの一助となることを強く願います。

2024年10月　　まだまだ暑さの続く神奈川にて

第２刷にあたって

お陰様で第２刷となりました。

我々は本書で述べたことの普及啓蒙、将来デザインの推進を目的に”勝手に黒糖応援団”として「黒糖デザイン会議」を発刊日 2024 年 11 月 30 日に立ち上げました。

今後はこの団体が活動の主体となります。活動内容などをＷｅｂサイトに随時掲載いたします。御贔屓のほどよろしくお願い致します。（な）

著者紹介

中尾 治彦

1960 年生まれ　京都大学農学部卒　博士（農学）
2020 年　(株) 明治退職
在職中は家畜繁殖研究、研究企画、機能性食品企画、食品研究開発全般マネジメントに従事する。
沖縄関係の調査活動をライフワークとして行いたいと考えている。第一弾として本書籍を出版。
●食品の研究～開発までのトータルデザインに関して数多くの経験、知見を有する。
●大学時代はワンダーフォーゲル部。西表島のジャングル、海岸線を歩き続ける。また石垣島、新城島の牧場でも働く。その時代より沖縄の食、書籍文化に強く興味を持つ。現在も全沖縄有人島海岸線周回、那覇すーじぐわぁー探訪を続けている。世界自然遺産となった「やんばる」、「西表島」の未来に心を馳せる。

2024 年 3 月　西表島船浮湾

●主な著書：ウシ卵子の体外受精、体外培養に関する研究 (博士論文)
●連絡先　haruhiko6055@outlook.com

角 直樹

1960 年生まれ　千葉大園芸学部卒　中小企業診断士　経営学修士
2020 年　(株) 明治退職
在職中は菓子研究・商品企画、スイーツ事業開発、業務用食品開発等に従事。
2020 年　ハッピーフードデザイン株式会社を設立
●現在は、食品全業種・農業、スタートアップ・中小企業・大企業、メーカー・卸・飲食店、B to B、B to C、国内・海外と幅広い範囲で、食品商品開発専門のコンサルタント業務に従事
●数年前から沖縄黒糖のマーケティング力強化業務にたずさわり、それを通して沖縄力向上中。

●主な著書：『おいしさの見える化』（幸書房）
『一般衛生管理による食品安全経営』（幸書房）
●連絡先　https://happyfooddesign.com

沖縄黒糖の未来をデザインする
うちなーんちゅ 200 名に聞いた沖縄黒糖物語
著者　中尾 治彦
角 直樹

2024 年 11 月 30 日　初版第 1 刷発行
2025 年 3 月 20 日　第 2 刷発行

発行人　池宮 紀子
発行所　ボーダーインク
〒 902 - 0076　沖縄県那覇市与儀 226 - 3
電話　098-835-2777　wander@borderink.com

装幀・イラストレーション　近藤朋幸

印刷所　㈱東洋企画印刷

ISBN978-4-89982-475-6　C3060